国家精品课程配套教材系列

电子设计与制作简明教程
（第二版）

主　编　邓延安

副主编　王　苹　余云飞　陈素芹　张　瑾

·北京·

内 容 提 要

本书是国家精品课程"电子产品生产与制作"的配套教材,是作者在多年教学的基础上,经整理完善而成的,是一本实用性强、难易适中,便于开展实操的教材。

本书主要内容包括:电子制作的基本技能、常用电路模块(三极管放大电路、场效应管放大电路、稳压电源、数字逻辑电路、集成运放等)的设计与制作、较复杂系统(数字式转速表、风板控制系统、多路红外遥控装置、数字钟)的设计与制作、PCB 板的设计与制作、抗电磁干扰设计、科技论文的写作等。本书是对所学专业课程的系统性应用,对提高学生理论联系实际的能力具有积极作用。

本书可作为高职高专学校应用电子、电气自动化等电类专业的教材,也可供从事电子技术的工程技术人员及电子爱好者参考。

本书配有免费教学资源,读者可以从中国水利水电出版社和万水书苑的网站上下载,网址为:http://www.waterpub.com.cn/softdown/和 http://www.wsbookshow.com。

图书在版编目(CIP)数据

电子设计与制作简明教程 / 邓延安主编. -- 2版. -- 北京:中国水利水电出版社,2019.7
国家精品课程配套教材系列
ISBN 978-7-5170-7827-2

Ⅰ. ①电… Ⅱ. ①邓… Ⅲ. ①电子电路-电路设计-高等学校-教材 Ⅳ. ①TN702

中国版本图书馆CIP数据核字(2019)第148243号

策划编辑:崔新勃　　责任编辑:高 辉　　封面设计:李 佳

书　名	国家精品课程配套教材系列 电子设计与制作简明教程(第二版) DIANZI SHEJI YU ZHIZUO JIANMING JIAOCHENG
作　者	主　编　邓延安 副主编　王 苹　余云飞　陈素芹　张 瑾
出版发行	中国水利水电出版社 (北京市海淀区玉渊潭南路1号D座　100038) 网址:www.waterpub.com.cn E-mail:mchannel@263.net(万水) 　　　　sales@waterpub.com.cn 电话:(010)68367658(营销中心)、82562819(万水)
经　售	全国各地新华书店和相关出版物销售网点
排　版	北京万水电子信息有限公司
印　刷	三河市鑫金马印装有限公司
规　格	184mm×260mm　16开本　11印张　275千字
版　次	2013年1月第1版　2013年1月第1次印刷 2019年7月第2版　2019年7月第1次印刷
印　数	0001—3000册
定　价	29.00元

凡购买我社图书,如有缺页、倒页、脱页的,本社营销中心负责调换
版权所有·侵权必究

第二版前言

本书自出版以来，经数届学生使用，学生的动手能力得到显著提高。对多数学生来说，本课程几乎是大学三年中使用电烙铁焊接的唯一机会，也是系统性复习所学知识，根据自身对专业知识的掌握程度，开展力所能及的电子线路设计的有益尝试。

本书出版后，国内高职高专电类专业教学发生了很大的变化。各级各类技能大赛不断涌现，学校的参与面也越来越大。除传统的大学生电子设计大赛、职业院校技能大赛、电子产品设计与制作赛等之外，光伏电子工程的设计与实施、电子产品芯片级检测维修与数据恢复、嵌入式技术应用开发以及众多的行业赛项陆续出现，比赛项目对学生的电子设计、焊接、PCB制板等能力要求越来越高。新型单片机、嵌入式等芯片和器件在大赛中被大量使用，课堂教学已无法满足要求。传统的设计软件 Protel 99 SE、Protel DXP 已逐步被 Altium Designer 取代。

基于上述考虑，本书有必要改版，对内容进行适当调整。

第三章 3.2 节选用了 2015 年全国大学生电子设计大赛的赛题，作为单片机 C 语言设计与应用的典型代表；第五章介绍 Altium Designer 的应用，取代原 Protel 99 SE 的内容；第六章的 6.2 节选用了更为先进的雕刻机，PCB 制板的精度和质量更高。

本书由邓延安任主编，王苹、余云飞、陈素芹、张瑾任副主编。各章编写分工如下：第 2.5 节、3.4 节由王苹编写；第 3.1 节由范国强编写；第 3.2 节由陈素芹编写；第五章、第 6.1 节由余云飞编写；第 6.2 节由张瑾编写，其余章节由邓延安编写。全书由邓延安统稿。张学亮老师对本书进行了审阅，张瑾老师和辛建军老师对本书的电路进行了验证，在此对他们的工作表示感谢。

由于课时关系，本书篇幅仍然不大。即便如此，实际教学中仍需取舍。希望本教材能为各高职高专院校电类专业教学提供帮助，错误和不妥之处请批评指正。

编　者

2019 年 3 月

第一版前言

应用能力培养是高等职业教育的最重要环节,但由于高职教育的历史不长,很多学校还普遍存在重理论轻实践的倾向,直接导致了一直困扰广大师生的两个问题:一是学生感到学习内容枯燥难懂,学习兴趣不大;二是学生毕业后很长一段时间不能将所学知识用于生产实践,造成理论与实践的严重脱节。究其原因,主要是我们对高等职业教育的目标定位、办学指导思想及高职的教育规律的认识存在偏差。

近年来,特别是 2006 年开始的示范建设以来,国内高职院校在人才培养模式上进行了大刀阔斧的改革。作为首批国家示范校,我校深刻把握高等职业教育的内涵,对教学内容、教学方法和培养目标进行了准确的定位,对课程进行了较大的整合。在充分的市场调研和对毕业生的跟踪调查的基础上,设置了一些市场情景好、社会需求量大的应用性课程,对教学内容进行了优化,大幅度增加了实践教学的学时,使学生在校期间动手的机会大大增加,使毕业生的就业竞争力大大增强。

我校曾在 03 级家电专业、03 级及 04 级电子专业安排了历时一周的电子制作课程设计,效果非常好。通过课程设计,同学们初步掌握了电子产品的设计、制作的一些基本环节。但我们也感觉到,对于掌握电子设计与制作的基本内容从而达到独立完成一些具有一定难度的制作课题来说,一周的时间是远远不够的。因此,我们从 05 级开始,新开设了"电子设计与制作"课程,再配合课程设计,这样就可使广大同学能够比较全面地了解电子设计与制作的基本方法并通过实际动手操作提高自己的实践能力,我们相信,通过系统的学习与训练,同学们的动手能力一定能够有较大的飞跃。

本课程是在学生完成了模拟电路、数字电路、高频电路、单片机、Protel 99 SE 等课程的学习后,掌握了电子技术的基本理论,同时具备必要的实践能力后开设的。本课程的目的就是通过课程的学习,使学生能够运用所学知识完成简单电子产品的设计与制作,掌握电子产品的设计方法、制作工艺、调试技巧、故障维修方法及初步的科技论文写作规范,培养创新意识和实践能力,为今后走向工作岗位奠定良好的基础。

本课程的实践性很强,因此,要求同学们能够理论联系实际,在充分消化吸收课本知识的基础上多动手、多思考。要自觉培养自己的工程意识,学会在实践中发现问题、分析问题、解决问题。要善于运用各种方法,如查阅图书资料、上网查寻等解决在设计和制作中出现的问题。本课程的开设为同学们提供了一个创新与实践的平台,也许同学们的某一次设计和制作最终没有得到理想的结果,但只要认真地思考过、解决过、相互商量过,总是有收获的。

本书是国家精品课程"电子产品生产与制作"配套教材,主要作为高职高专学校应用电子、电气自动化等电类专业的教材,也可供从事电子技术的工程技术人员及电子爱好者参考。读者也可以从精品课程网站(http://jpkc.whptu.ah.cn/dzsc/)下载相关教学资源。

本书共九章,主要内容包括:电子制作的基本技能、常用电路模块(三极管放大电路、场效应管放大电路、稳压电源、数字逻辑电路、集成运放等)的设计与制作、较复杂系统(数字式转速表、功率放大器、多路红外遥控装置、数字钟)的设计与制作、PCB 板的设计与制作、抗电磁干扰设计、科技论文的写作等。根据教学学时特点，本书教学内容比较精炼紧凑，教师可以选择部分章节在课堂内完成。有些章节内容较多，除课堂时间外，还必须利用业余时间进行。

本书由邓延安任主编，王苹、曾贵苓、余云飞任副主编。各章编写分工如下：第2.5节、第3.4节由王苹编写，第3.1节由范国强编写，第五章由曾贵苓编写，第六章由余云飞编写，其余章节由邓延安编写。全书由邓延安统稿，张学亮老师对本书进行了审阅，张谨老师和辛建军老师对本书的电路进行了验证，对他们的工作表示感谢。

对于本书的错误和不当之处，希望读者随时指正，以便下次修订。

编 者

2012年10月

目 录

第二版前言
第一版前言

第1章 电子设计与制作基础 ············ 1
1.1 概述 ············ 1
1.1.1 电子设计的选题 ············ 1
1.1.2 电子设计与制作的基本途径 ············ 1
1.2 电子设计的一般过程 ············ 2
1.3 电子制作的基本技能 ············ 3
1.3.1 常用元器件的选型与代用 ············ 3
1.3.2 元器件焊接工艺 ············ 5
1.3.3 电子产品的装配工艺 ············ 8
1.3.4 电子产品的调试 ············ 9
1.3.5 故障的判断与排除 ············ 9
1.4 PCB板的制作 ············ 10
1.4.1 PCB板的雕刻制板法 ············ 10
1.4.2 PCB板的腐蚀制板法 ············ 10
1.5 电子制作中的5S管理 ············ 11

第2章 基本电路模块的设计与制作 ············ 12
2.1 三极管基本放大电路的制作 ············ 12
2.1.1 三极管放大电路设计的原则 ············ 12
2.1.2 共发射极放大电路的设计 ············ 12
2.1.3 电路的制作与测试 ············ 13
2.2 场效应管放大电路的设计与制作 ············ 14
2.2.1 场效应管的主要参数 ············ 14
2.2.2 场效应管的使用原则 ············ 15
2.2.3 场效应管基本放大电路的设计与制作 ············ 15
2.3 串联型线性稳压电源的制作 ············ 16
2.3.1 串联型线性稳压电源的组成 ············ 16
2.3.2 串联型线性稳压电源的实际电路 ············ 17
2.3.3 串联型线性稳压电源的制作与调试 ············ 18
2.4 集成运算放大器的应用 ············ 19
2.4.1 电压比较器的制作 ············ 20
2.4.2 正弦波发生器的设计与制作 ············ 22

2.5 数字逻辑电路的设计与制作 ············ 24
2.5.1 基本门电路和逻辑电平规范 ············ 25
2.5.2 常见数字逻辑芯片 ············ 26
2.5.3 简易抢答器的制作 ············ 31
2.5.4 双音门铃的制作 ············ 32
2.6 遥控电路的制作 ············ 35
2.6.1 遥控系统的基本组成 ············ 35
2.6.2 红外遥控原理 ············ 36
2.6.3 简单红外遥控装置的制作 ············ 39

第3章 较复杂系统的设计与制作 ············ 41
3.1 以MCS-51系列单片机为核心的数字式转速表的设计与制作 ············ 41
3.1.1 设计与制作任务 ············ 41
3.1.2 转速表的硬件电路设计 ············ 41
3.1.3 系统设计流程图及源程序 ············ 43
3.1.4 电路制作与调试 ············ 48
3.2 风板控制装置的设计与制作 ············ 49
3.2.1 设计与制作的任务 ············ 49
3.2.2 系统设计 ············ 49
3.2.3 系统安装与调试 ············ 53
3.3 多路红外遥控装置的设计与制作 ············ 60
3.3.1 设计与制作的任务及方案选择 ············ 60
3.3.2 遥控编、解码集成电路PT2262和PT2272介绍 ············ 62
3.3.3 4路红外遥控装置的工作原理 ············ 64
3.3.4 四路红外遥控电路的制作与调试 ············ 64
3.4 数字钟的设计与制作 ············ 65
3.4.1 设计与制作任务 ············ 66
3.4.2 秒脉冲信号发生器的制作与调试 ············ 66
3.4.3 秒、分、时计数显示电路的制作调试 ············ 68
3.4.4 分、时校正电路 ············ 72

    3.4.5 电路联调 ································· 73
第 4 章 可编程逻辑器件及应用 ························· 74
  4.1 ACEX1K 系列 FPGA ···························· 74
  4.2 可编程逻辑器件的设计流程 ······················ 74
  4.3 Quartus II 的使用 ····························· 77
    4.3.1 Quartus II 的特点 ························ 77
    4.3.2 Quartus II 的设计流程 ···················· 78
  4.4 应用举例 ·································· 78
    4.4.1 设计任务 ······························· 79
    4.4.2 频率计的工作原理 ······················· 79
    4.4.3 功能模块的实现 ························· 79
    4.4.4 频率计的总体电路 ······················· 81
    4.4.5 完成步骤 ······························· 81
第 5 章 Altium Designer 原理图与 PCB 设计 ············· 90
  5.1 Altium Designer 设计环境 ······················ 90
  5.2 Protel 与 Altium Designer 之间的转换 ············ 91
  5.3 原理图的设计 ······························· 92
    5.3.1 原理图设计流程 ························· 92
    5.3.2 新建原理图文件 ························· 93
    5.3.3 原理图图纸的设置 ······················· 93
    5.3.4 加载元器件库 ··························· 94
    5.3.5 放置元件 ······························· 94
    5.3.6 连接线路 ······························· 95
    5.3.7 报表输出 ······························· 95
  5.4 印刷电路设计 ······························· 96
    5.4.1 新建 PCB 文件 ·························· 97
    5.4.2 印制电路板 PCB 工作层管理及
          选项设置 ······························ 99
    5.4.3 元件封装库的操作 ······················ 101
    5.4.4 单面印制电路板的手工设计 ·············· 102
    5.4.5 印制电路板的自动布线 ·················· 108
    5.4.6 设计规则检查以及工程报表输出 ········· 117
第 6 章 PCB 板的制作 ································ 120
  6.1 PCB 板的腐蚀法制作 ························· 120
    6.1.1 PCB 设计与打印 ······················· 120
    6.1.2 热转印 ································ 124
    6.1.3 腐蚀与钻孔 ···························· 124
  6.2 PCB 板的雕刻制作方法 ······················· 125
    6.2.1 雕刻机的工作原理 ······················ 125
    6.2.2 加工文件的生成 ························ 126
    6.2.3 雕刻机制板 ···························· 130
第 7 章 电子线路的抗电磁干扰设计 ···················· 148
  7.1 概述 ······································ 148
    7.1.1 电磁干扰入侵的途径 ···················· 148
    7.1.2 抑制电磁干扰的基本思路 ················ 150
    7.1.3 抗电磁干扰的基本措施 ·················· 150
  7.2 抗电磁干扰设计 ····························· 151
    7.2.1 输入信号线的选择与连接 ················ 151
    7.2.2 滤波器设计 ···························· 151
    7.2.3 屏蔽层设计 ···························· 152
    7.2.4 接地的设计 ···························· 153
    7.2.5 信号隔离的设计 ························ 153
第 8 章 电子线路故障检修的基本方法 ·················· 155
  8.1 直观检查法 ································ 155
  8.2 电阻测量法 ································ 155
  8.3 电压测量法 ································ 156
  8.4 电流测量法 ································ 157
  8.5 波形测量法 ································ 158
  8.6 元器件代换法 ······························ 158
  8.7 信号注入法 ································ 158
  8.8 分割法 ···································· 159
  8.9 短路法 ···································· 160
第 9 章 科技论文写作 ································ 161
  9.1 概述 ······································ 161
    9.1.1 科技论文写作的性质与功能 ·············· 161
    9.1.2 科技论文写作的基本特征 ················ 161
    9.1.3 科技论文写作的意义 ···················· 162
  9.2 科技论文写作的基本要求 ···················· 162
    9.2.1 科技论文的类型 ························ 162
    9.2.2 科技论文的写作要求 ···················· 163
    9.2.3 科技论文的编写格式及规范 ·············· 163
    9.2.4 章、条的编号 ·························· 165
参考文献 ··· 166
附录 ··· 167

第1章 电子设计与制作基础

1.1 概述

1.1.1 电子设计的选题

电子设计是一项创新性、创造性和实践性的活动。在高等学校，电子设计是大学生在掌握必要的理论知识后，针对某项具体应用而完成的电子产品的实物形态的设计。由于是业余条件下完成的，所以一般不考虑产品所涉及的标准化、商品化的问题。与商品化的电子产品相比，设计与制作的灵活性要大得多，也便于学生因陋就简、就地取材，因此电子设计与制作是非常适合大学生进行的。

根据大学生的能力、财力和时间，电子设计的选题应注意以下几个问题。

1. 选题应新颖，有一定的实用性、趣味性

实用性是电子产品的基础，趣味性则有利于学生提高学习的主动性和积极性。如有可能，可在日后进行商品化开发或申请专利。

2. 选题应循序渐进，难易适中

初学者可选择一些基本电路进行设计与制作，打牢基本功。在具备一定的技能之后，可适当设计与制作一些难度稍大的电子系统。

3. 注意新知识、新器件的使用

电子设计与制作是理论知识的重要补充，应涵盖尽可能多的知识点，同时也应有意识地选择一些新器件。课堂上学到的只是一些基本原理，所涉及的元器件也仅仅是最常见、最基本的，因此很多学生毕业后见到某个元器件，"只知其名，不识其身"。通过电子设计与制作，有机会使用一些新材料、新器件，对今后走向工作岗位是大有裨益的。

1.1.2 电子设计与制作的基本途径

大学教育，仅仅依靠教学计划内的理论和实验教学是远不能达到培养高技能应用型人才的目的的，而电子设计与制作很好地弥补了这方面的不足。如何把"电子设计与制作"这门课建设成大学生自主创新能力培养和个性发展的平台，也是本课程的一个着眼点。

1. 兴趣是最好的老师

电子信息产业是国民经济的支柱产业，电类专业也是经久不衰的热门专业，因此对电类专业的学生来说，没有理由不热爱自己的专业。

电子技术也并非高深莫测，只要克服畏惧心理，深入其中，你就会发现电子技术其实是一块充满神奇而又奥妙无穷的土地，不懈努力、辛勤耕耘就一定会有收获。一旦体会到其中的魅力，你一定会被它吸引住。一旦有了兴趣，你的潜能会得到最大的发挥，也许今天的小设计、小制作就是明天事业成功的起点。

2. 多做多练是最好的途径

知识的归宿是应用，但"学"与"用"之间是有差距的。有的人可能理论学得很好，考

试分数很高,但碰到实际问题却无所适从。而有的人考试分数可能不高,但实际动手时却如鱼得水。根据我们的观察,那些在校期间动手能力很强的同学走到工作岗位后对岗位的适应能力要明显强于实践能力一般的同学。在实际应用场合,有时会遇到与书本知识不一致甚至完全不同的情形,这都需要我们去思考。只要实践多了,经验的积累也就多了,解决实际问题的能力自然也就强了。还有些课程,本身就比较枯燥,内容也十分繁杂。如单片机,如果不经常动手操练,可以肯定地说,不出半年所学的内容就会几乎全忘记。有的程序,编写时自认为没有任何问题,但实际运行时却没有按照你的意图运作,甚至根本没有反应。这些都需要我们在实践中不断积累经验,在实践中发现问题、解决问题。

3. 要养成多查资料的良好习惯

善于利用前人的有益经验可使我们节省时间,少走弯路。目前,关于电子设计与制作方面的书籍非常多,通过互联网也可以查到各种资料,特别是一些新材料、新器件,如果仅通过书本知识,是根本无法了解其特性的。对于初学者,不妨照抄照搬别人的设计并进行认真消化,在设计和制作中发现问题、解决问题,积累了一定的经验后,就可以进行创新性设计。

4. 要培养团队协作的精神

对于一些小的制作,一个人便可完成,但对于一些大的系统,以个人的能力和精力就显得力不从心了,此时就需要几个同学自愿组合,分工合作。如有的学校组织的机器人制作比赛都是以团队为单位参赛的;每年举办的全国大学生电子设计竞赛,也是以学校为单位,多人组队参加;电子设计与制作也是教育部、人社部、工信部等联合举办的全国职业院校技能大赛的常设项目,几年来均只设团体奖项。协同作战不仅有利于项目的顺利进行,也有利于培养同学们的协作精神,对今后走向社会是非常有益的。

1.2 电子设计的一般过程

电子设计是综合运用电子技术理论,设计出符合规定指标的电路的过程。必须根据实际要求,通过查阅相关资料、方案优化、参数选择、器件选型,并通过不断的调试调整,最终得到符合要求的电子产品。其基本流程如图 1.1 所示。

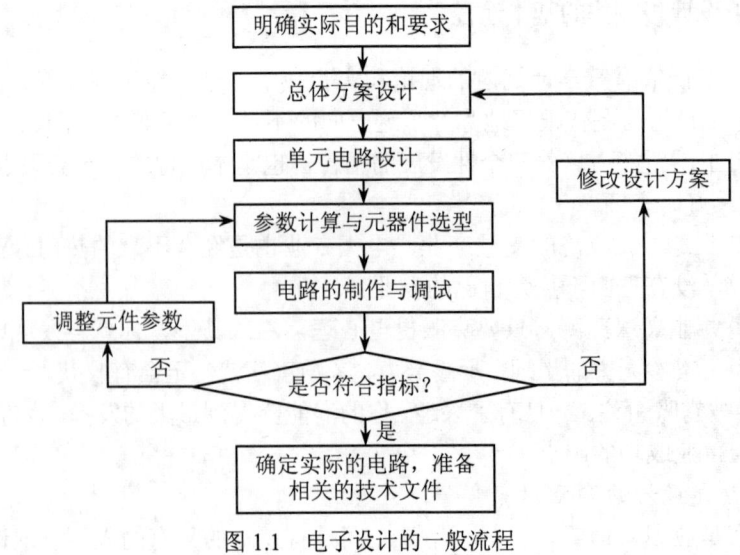

图 1.1 电子设计的一般流程

1.3 电子制作的基本技能

工艺源于个人的操作经验和手工技能。现代电子工艺是科学的经营管理、先进的仪器设备、高效的工艺手段和严格的质量检验。一台高质量的性能优良的电子整机产品的制成，贯穿从设计到销售、包括每一个制造环节的整个生产过程。

由于教育体制和观念的局限，长期以来，我国学生的动手能力普遍比较薄弱，有很多电类专业的学生甚至毕业时还不能很好地使用万用表、电烙铁。焊接时也经常出现连焊、虚焊。有些同学在作线路板时只是简单对照原理图将元器件连接起来，丝毫不注意元器件的布局与布线，或者在装配时随心所欲，毫无章法，导致可靠性下降。这些都是不注意工艺的恶果。如果把电子设计与制作比作做菜，那么设计就是所配的菜，而制作工艺则是对火候的掌握，其重要性不言而喻。

1.3.1 常用元器件的选型与代用

作为一个合格的设计师人员，一定要有工程意识。如一个放大电路，在选择电阻时，可能有的同学仅仅根据计算结果来确定阻值，殊不知有些阻值并不在阻值系列内，是根本买不到的，实际上这时可以选用阻值比较接近的电阻。可见学生对阻值系列一定要清楚。另外，在设计时很多学生往往只注意阻值，而对电阻的其他参数却不重视，如功率等。在一些大电流工作的场合，一定要有元件的功耗意识。又如，在选择电容时，不仅要考虑容量、耐压等，有时还要考虑其损耗，特别是在高频应用的场合。有时手头没有所设计的元器件，这时必须知道如何选择代用品，使电路可以正常工作而不至于损坏。

制作时，还要养成焊接装配前对元器件进行筛选的习惯。这其实是一个很简单的过程，只要用万用表或其他仪器简单测量一下就可以了，但却可以避免以后可能由于元器件不良而导致花费大量时间排除故障。

1. 电阻器的选型与代用

在选择和代用电阻器时必须关注以下几个重要参数：

（1）阻值及误差。通常情况下，应选用与原阻值相同的电阻器，如果没有这样的阻值，可采用多个电阻串、并联的方式取得。一般情况下，四色环电阻器的精度基本够用了，但对于测量电路、仪器仪表电路等应严格按原电路的精度代用（一般为五色环）。

（2）额定功率。电路设计时，必须充分考虑该电阻器消耗的功率，特别是大电流工作的场合。如使用替代品，代用电阻器的额定功率不得低于原电阻器的额定功率，特别是 0.5W 以上的电阻器。如果没有合适的电阻器，可以采用多个电阻串、并联的方式解决。如需更换一个阻值为 1Ω、额定功率为 1W 的电阻器，可以用两个 0.51Ω/0.5W 的电阻串联或两个 2Ω/0.5W 的电阻并联的方法解决。

（3）电阻器的材料。普通的碳膜电阻器生产成本低，价格也比较便宜，是使用最多的一种电阻器，但产品的稳定性较差，适合于对稳定性要求不高的场合使用。金属膜电阻器的稳定性较好，噪声较低，但价格较高。氧化膜电阻器性能与金属膜电阻器相当，耐热耐压性能更好，但精度一般不高。线绕电阻器的精度高、稳定性好、噪声低、功率大，但体积较大。

通常情况下，功率大的电阻器可以代替功率小的电阻器；金属膜电阻器可以代替碳膜电阻器；精度高的电阻器可以代替精度低的电阻器；在高频电路中，如果原电路用的是贴片电阻器，则不能用通孔元件代用。

2. 电容器的选型与代用

电容器也是最常用的元器件之一，选型或代用时应注意以下问题：

（1）容量及误差。很多情况下，如耦合电路、滤波电路、退耦电路等对电容器容量的偏差要求不高，选型或代换时容量偏差不大于±20%即可。但有些场合，如谐振电路、调谐电路等，对容量的精度要求很高。如果没有同容量的电容，可以采用多个电容串、并联的方法进行代换。

电容器的误差通常有三个等级，即Ⅰ级（±5%）、Ⅱ级（±10%）和Ⅲ级（±20%）。

（2）额定工作电压。电容器的额定工作电压是指电容器在规定的工作温度范围内长期可靠地工作所能承受的最高直流电压，又称耐压值，通常为击穿电压的一半。

设计时要分析电容器在电路中所承受的最高电压值，以决定选型的电容器的额定工作电压。当然，在满足性能要求的前提下，用高耐压的电容器代替低耐压的电容器是完全可行的。

（3）电容器的损耗。反映电容器损耗的指标是电容器的损耗角正切。理想情况下，电容器上的电压与电流之间的夹角为 $\pi/2$，实际上该角度稍小于 $\pi/2$，其偏差角称为损耗角。它反映了电容器在工作时的漏电性能，该值越小越好。电容器的损耗角正切主要与电介质材料有关。

表 1.1 是几种常用电容器的性能，可以根据电路的具体情况进行合理选择和代用。

表 1.1 常用电容器的电介质材料及特点

序号	电容器名称	电介质材料	主要特点
1	高频瓷介电容器	高频瓷介质	体积小、稳定性好、损耗小
2	低频瓷介电容器	低频瓷介质	体积小、稳定性好、可制成高压电容器、容量较小
3	涤纶电容器	涤纶薄膜	体积小、无感
4	独石电容器	钛酸钡陶瓷	体积小、容量大、可靠性高、耐高温
5	聚苯乙烯电容器	聚苯乙烯薄膜	损耗小、绝缘电阻高、体积较大
6	铝电解电容器	氧化铝薄膜	容量大、体积适中、价格低、损耗大、可靠性差
7	钽电解电容器	氧化钽、二氧化锰	体积小、容量大、漏电小、稳定性好、耐高温、价格高

根据表 1-1 可知，从性能上考虑，完全可以用独石电容代替瓷介电容，用钽电解电容代替铝电解电容。

3. 电感器的代用

电感器一般用在滤波、谐振等电路中，通常由骨架、绕组、磁芯、屏蔽罩等组成。

电感器的主要参数有电感量、品质因数、分布电容、额定电流等。

（1）电感量及精度。选型或代用时要尽量选用相同电感量的电感器，精度视用途而定。对振荡线圈，精度要求较高，为 0.2%～0.5%；对耦合线圈和高频扼流圈要求较低，为 10%～15%。

（2）品质因数。品质因数 Q 用来表示线圈损耗的大小。对谐振回路，要求线圈的 Q 值较高；对耦合线圈，Q 值可以低一些；对高频扼流圈和低频扼流圈则无要求。

（3）分布电容。线圈的匝与匝之间、层与层之间、线圈与屏蔽盒之间均存在分布电容。分布电容使线圈的工作频率受限并降低线圈的 Q 值。采用蜂房绕法和分段绕法可减少分布电容。

（4）额定电流。额定电流是指线圈在正常工作时允许通过的最大电流值，可以用字母表示，见表1.2。

表1.2 电感器额定电流的标示

字母	A	B	C	D	E
额定电流/mA	50	150	300	700	1600

可以用大额定电流的电感器代用小额定电流的电感器。

4．二极管的代用

二极管的种类繁多，在电路中一般完成整流、箝位、限幅、稳压等作用，选型或代用时应根据二极管在电路中的具体作用而定。

在低频应用时，我们应根据二极管在电路中承受的最大反向电压和最大正向电流，确定二极管的型号。主要关注下面两个参数：

（1）最大整流电流 I_F。该参数是指二极管长期连续正常工作时允许通过的最大正向平均电流值。使用的二极管的 I_F 必须满足电路工作的实际情况。

（2）最高反向工作电压 U_{BR}。该参数是指加在二极管两端而不击穿 PN 结的最高反向电压。使用中应选 U_{BR} 大于实际工作电压 2 倍的二极管。

在开关应用的场合，如开关稳压电源，经常用到快恢复二极管，选型或代用时除必须满足 I_F、U_{BR} 等参数外，还必须符合反向恢复时间 t_{rr} 不能大于电路工作的实际情况。

5．三极管的选型与代用

三极管的种类极其繁多，不同场合对三极管的性能要求也不一样，因此正确选择、使用三极管是设计人员必须具备的一项重要技能。

三极管在选型、代用时应注意以下几点：

（1）代用三极管的材料与原三极管一致，即硅管代替硅管、锗管代替锗管。

（2）主要参数与所设计电路一致或更优。这里的主要参数有：放大倍数 β、集电极最大耗散功率 P_{CM}、最大集电极电流 I_{CM}、集电极－发射极击穿电压 $U_{(BR)CEO}$、特征频率 f_T 等。选型或代用前，要认真分析三极管在电路中的工作状态以便准确选择。如在低频大功率情况下，我们主要关注集电极最大耗散功率 P_{CM}、最大集电极电流 I_{CM}；在高电压应用时，要特别注意集电极－发射极击穿电压 $U_{(BR)CEO}$；对于高频放大电路来说，所用三极管的特征频率 f_T 必须不小于设计要求；达林顿管的放大倍数很高，可以用两个三极管组成复合管来代用。

（3）外形、引脚分布相同，这样便于直接替换。

1.3.2 元器件焊接工艺

焊接是电子制作的重要环节，从焊接的质量就可以反映一个同学平时练习的情况。可以说，焊接是一名电类专业学生必备的基本功。

焊接质量直接关系到电子制作的可靠性，扎实的焊接技术是制作成功的重要保证。在焊接时一定要注意以下几方面的问题：

1．电烙铁的选择

电烙铁是电子产品装配中最常用的工具之一。常用的电烙铁有外热式和内热式两种。近年来又出现了吸锡式、恒温式、控温式等电烙铁。

外热式电烙铁的优点是一般功率比较大，适合于焊大体积的材料；缺点是升温比较慢。内热式电烙铁发热快，热量利用率高，但一般功率均不大，适合小型电子元器件的焊接。对于通常的电子制作，一般宜选用内热式电烙铁。

恒温电烙铁和控温电烙铁的优点是焊接温度始终保持在适当的温度范围内，不仅有利于延长烙铁头的寿命，也特别适用于集成电路等的焊接。

烙铁头在使用一段时间后表面容易氧化，温度会大大降低，导致焊锡不易融化，不仅焊点难看，也容易产生虚焊。此时可用锉刀将烙铁头的氧化层锉去，再通电加热后迅速镀上焊锡以免氧化。

2. 焊料与助焊剂

焊料是一种易熔的金属，熔点低于被焊金属。在熔化时，使被焊金属表面形成合金与被焊金属连接到一起。目前常用焊料有锡铅焊料、银焊料、铜焊料等。在电子产品的制作中，最常用的是锡铅焊料，俗称焊锡。

助焊剂的使用可防止焊接面被氧化，同时增加焊锡的流动性，有助于焊浸润，保持焊点光泽。手工焊接时最常用的助焊剂是松香。一般焊锡丝的内部都注入了松香。也可自制液态助焊剂涂在焊点表面。如松香和酒精以 1:3 比例配合制成的松香水就是不错的助焊剂。

3. 焊接件的预处理

元器件在焊接前一般要先进行镀锡处理，特别是对于存放时间较长的元器件，这一点更重要。有些元器件在存放较长时间后表面发生氧化，导致焊料与焊接件表面无法形成浸润而出现虚焊、假焊等。此时可用无水酒精擦洗，对严重的氧化层则要用刀刮或用砂纸打磨，直到露出光亮的金属为止，然后再进行镀锡。

有些元器件在焊接前还要进行成型处理。如电阻器、二极管等可根据焊点的跨距按卧式或直立式成型，其中功率较小的电阻器可以紧贴线路板，如图 1.2 中 a_1、a_2 所示，功率较大的电阻器应适当悬空，如图 1.2 中 b_1、b_2 所示。

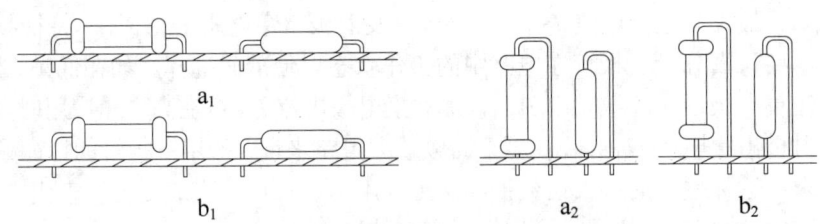

图 1.2 元器件的成型

有时，当线路板尺寸较小，元器件排布较密，为防止元器件的引脚相碰而导致短路，还应加套管。

有些元件或部件需用导线进行连接。为保持焊点的可靠，应采用绕焊，即将导线在元件或部件的引脚上缠绕 1～2 圈再焊接。

4. 焊接的技术要领

良好的焊接是一个电子产品可靠性的重要保证。对于业余条件下的焊接，除了选用较好的焊锡和合适的助焊剂外，还要掌握一定的焊接要领。

首先要控制烙铁的温度和焊接时间。如果烙铁功率过小或烙铁头接触焊点的时间过短，则焊点温度较低，焊锡表面就不光滑，甚至像豆腐渣一样，这样很容易出现虚焊。如果烙铁温度过高或焊接时间过长，则烙铁头的搪锡面很快形成氧化膜，如不及时除去，将和焊锡一起附在焊点上，也易形成虚焊。有些包含塑料件或有机绝缘外皮等不耐热的元件则易被烫坏。过高的温度也容易使焊盘铜箔翘起。

其次，要保持电烙铁的清洁。因为焊接时烙铁长时间处于高温状态，又接触助焊剂等，其表面很容易氧化并沾上一层黑色杂质，这些杂质相当于隔热层，使烙铁头的温度大大下降，因此要随时去除杂质。一般可用锉刀锉去氧化层。在锉去氧化层后要及时镀上焊锡，这样可较长时间保持烙铁头的清洁。

第三，焊锡量要适中。焊锡过少易造成焊接不牢；焊锡过多，不仅浪费了焊锡，在高密度的电路板中还易造成不易察觉的短路。

第四，不要用过量的助焊剂。适量的助焊剂对焊接是十分有益的，但并不是越多越好。过量的松香可使焊点周围形成松香层，使线路板不清洁，而且易使松香夹杂在焊锡中形成"夹渣"的缺陷。

5. 易损件的焊接

（1）有机材料、塑料件的焊接。目前，很多有机材料如有机玻璃、聚氯乙烯、聚乙烯、酚醛树脂等已被广泛用于电子元器件的生产中，如各类开关、接插件、收音机中使用的双联电容等。这些元器件都采用热注塑方式制成，最大的弱点就是不能承受高温。当我们在焊接这些元器件时，如不控制加热时间，极易产生变形，导致元器件失效或损坏，因此在焊接时一定要控制焊接时间。

（2）场效应管和集成电路的焊接。特别是 MOSFET 或 CMOS 集成电路，由于输入阻抗很高，一旦烙铁稍有漏电就会击穿场效应管。焊接时可将烙铁的插头拔下，用余热焊接。有的烙铁本身就有接地夹，可将接地夹接在地线上。

集成电路由于内部集成度高，一旦受到过量的热也容易损坏，因此焊接时温度不要超过 200℃，最好使用控温烙铁，焊接时间尽可能短。由于集成电路的引脚很多且挨得很近，因此应使用尖烙铁头。

6. 贴片（SMT）元件的手工焊接

对于引脚较少的贴片元件，如贴片电阻、贴片电容、贴片三极管等，可以先在某一焊盘上上一点焊锡，再用镊子夹住元件，使元件引脚对准焊盘，焊好已有焊锡的端子。如发现元件有些偏，可以一方面焊接，另一方面用镊子进行调整，直至元件的各引脚与焊盘对准。

对于引脚较多的元件，如贴片集成电路，可以先固定元件对角线上的引脚，在确定各引脚均对准焊盘后对所有引脚一一焊接。如有连焊的引脚，可以用烙铁再焊一次。对于具有良好阻焊层的线路板来说，此时焊点可以自动分开。如果仍无法分开，可以采用吸锡绳将多余的焊锡吸走。

7. 元器件的拆焊

当元器件焊错或更换损坏的元器件时，首先要将元器件拆卸下来。良好的拆焊技术是电子制作水平的重要体现，也是衡量一个学生动手能力的重要方面，是每个电类专业的学生应当掌握的技能。

相对来说，两个脚的元件，如电阻、电容等，还是比较容易拆焊的。但多脚元器件，如集成电路，或者不耐高温的元器件，如中周等，拆焊就要困难得多，需要经常练习才能比较熟练地完成。

（1）拆焊工具。常用的拆焊工具有通针、吸锡器（吸泵）、吸锡绳等。其中通针、吸锡器市场有售，吸锡绳则可用金属编织线代替。

（2）拆焊的操作要求。拆焊一定要严格控制加热的温度与时间，否则易引起覆铜脱落。一般来说拆焊所用的时间要比焊接的时间长，这就要求操作者熟练掌握拆焊技术，必要时可采用间隙加热进行拆焊，即拆下某一引脚，待冷却后再拆另一个引脚。拆焊时不要用力过猛，不要采用扳、晃、拔等方法去拆元件。

（3）吸锡绳的使用。吸锡绳是拆集成电路或其他多脚元器件的理想工具。吸锡绳采用铜质或镀锌、镀银的金属编织线。使用时可先在吸锡绳的一个端头用烙铁镀上松香，再将这个端头置于将要拆焊的引脚，用烙铁将引脚的焊锡熔化，此时吸锡绳会将焊锡吸附在吸锡绳上。为了节省吸锡绳的使用，可在吸锡绳上的焊锡尚未凝固时用力甩下，这样一根不长的吸锡绳可使用很长时间。

吸锡绳拆焊简便易行、费用低，建议多用此法。

（4）SMT元件的拆焊。如果使用普通电烙铁，可以采用堆锡的办法：使用较多的焊锡丝，然后用烙铁在焊盘处熔解并不断移动，使所有焊锡"同时"熔化，注意尽量避免烙铁头与管脚接触，因为这样可以避免焊盘损坏。焊锡全部熔化后，用镊子夹住元件并取下来。这种方法的操作时间不宜过长。

比较好的拆焊SMT元件的工具是热风焊枪，特别是针对多引脚的集成电路比较有效。根据不同的线路基板材料选择合适的温度及风量，使风嘴对准贴片元件的引脚，反复均匀加热，待达到一定温度，所有焊锡均熔化后，用镊子稍加力量就可以使其脱离基板并取下。

1.3.3 电子产品的装配工艺

电子产品的装配是电子制作的重要环节，特别是商品级的设计与制作，良好的装配工艺是产品可靠性的重要保证，也是一个企业管理水平和技术水平的重要体现。作为电子专业的学生，尽管只是进行业余制作，但一定要培养产品和商品意识，充分认识到装配工艺的重要性，为日后从事专业工作奠定基础。

1. 电子产品的布局和布线

电子产品的布局要满足下列原则：保证产品技术性能指标的实现；满足结构工艺的要求；布线方便；有利于通风、散热和安全；便于检测和维修。

在布局布线时要注意以下几点：

（1）电源电路，特别是变压器等由于发热量大，体积和重量都很大，所以要注意产品重心的平衡，散热大的部件应尽可能远离电路板。

（2）大功率的元器件应放在通风良好的位置并加装散热片或风扇等。

（3）在同一块线路上的高频电路和低频电路应采取屏蔽隔离措施，通常将高频电路装在金属屏蔽罩内。

（4）高频电路的连接导线应尽可能的短而细，尽可能采用介电常数小、介质损耗小的绝缘材料。如导线必须平行放置时应尽可能增加间距。

2. 电子产品的装配技术

（1）常用装配工具。电子产品装配过程中必须准备一套合适的工具。作为业余制作要准备一些常用的工具，如电烙铁、斜口钳、尖嘴钳、剥线钳、镊子、螺丝刀、锉刀、直尺、万用表等。如经济条件许可应选用质量较好的产品，这对制作的顺利进行十分有利。

（2）整机装配的原则。装配时要确定好零部件的位置、方向、极性等。一般是从里到外，从下到上，从小到大。前道工序不能影响后道工序，重的部件应放在下部以保证产品的平稳摆放，另外还要注意便于产品的保养和维修。

安装的元器件、零部件应端正牢固，选用的紧固件应尺寸合适，螺丝紧固时应注意防止滑丝。

导线或线扎的放置应稳固、安全、整齐和美观。线扎应每 10cm 左右用热缩套管或尼龙绳扣固定，导线或线扎应尽量紧贴底板放置并用胶布或热熔胶固定。

高频引线或交流电源线可用塑料支柱支撑架空布线，以便减小干扰。

1.3.4 电子产品的调试

在焊接、装配等程序完成后，接着进行产品的调试。调试的目的是使制作的产品达到设计的指标和要求。调试技能是一项充分反映制作者熟练使用仪器仪表、运用所学知识进行分析判断的综合能力，特别是在产品的试制阶段，必须反复进行调试调整，不断进行参数优化才能达到满意的结果。

对于简单的产品，可直接进行产品调试；对稍复杂的系统，一般采用单元电路调试和整机联调的方式进行。

单元电路调试一般包括静态调试和动态调试。静态调试时没有外加信号，只是测量直流工作电压和电流。动态调试则是在加入信号、接入负载时完成。

整机联调是将各单元组合起来通电后进行调试。由于各单元之间可能存在的相互影响，在单元电路调试后还需进行整机参数的微调，使整机的性能指标符合要求。

调试时应注意以下几点：

（1）测量仪器的选择。测量仪器的输入阻抗必须远大于被测电路的等效阻抗，否则会引起较大的分流，严重影响测试结果；测量仪器的带宽必须大于被测电路的工作带宽，否则测试结果是失真的。

（2）选择正确的测试点和测试项目。测试点应具有代表性，测试项目应能够反映电路的主要性能和工作状态。

（3）测量方法应简便可行。例如测量某支路的电流时，可以采用测量该支路上某电阻的电压，再换算成电流的方法，这样就避免了断开支路来测电流的不便。

（4）养成正确记录测试数据的习惯。认真记录测试结果并进行分析，不仅可以判断电路工作是否正常，也有利于培养同学们严谨的学习态度和敬业精神，提高职业素质。

1.3.5 故障的判断与排除

制作过程中出现故障是很正常的，需要随时排除。常用的故障检测与排除方法有以下几种。

1. 目视检测

主要检测元器件连接是否正确，引脚是否接错，有无虚焊、连焊、漏焊等。以上都是初学者易犯的错误。

2. 不通电检查

一般是用万用表检查电路有无短路、断路，元器件有无损坏等情况。

3. 静态检查

通过测量静态工作点的参数并与参考值进行比较来判断电路是否存在问题。

4. 动态检查

对于某些模拟电路，可以通过信号发生器向电路注入适当的信号，用万用表或示波器测量输出端的电压值或波形，根据这些数据判断电路工作是否正常。如果没有信号发生器，也可以用金属触碰输入端，人为施加一个干扰信号，观察输出端的波形等情况。

此外，还可以采用断负载法来判断短路故障的部位；上（下）拉电平法来判断在正常控制电平的情况下受控电路工作是否正常；替代法来直接替换可疑故障器件等。

在故障检查和排除时，应本着"先易后难""先表面后内部""先电源后负载""先静态后动态"的思路进行。

第八章对线路板的维修方法有比较详细的介绍。

1.4 PCB板的制作

印刷线路板（PCB）是电子元器件的载体，只有通过PCB板才可将具体电路以实物形态构建起来，因此，PCB板的设计与制作是电子设计与制作的一个重要环节，也是本课程的一项重要内容。

对于简单的、低频的电子线路，可以采用目前市面上比较常见的实验板（多孔板）完成制作。本教程中一些简单的制作，用实验板是完全可行的。但对一些比较复杂的电路，如第三章的电子制作，实验板则无能为力，必须自行设计并制作PCB板。PCB板的工业化制作是非常复杂的，而业余条件下则简单得多，常用的方法有雕刻法和腐蚀法。

1.4.1 PCB板的雕刻制板法

所谓雕刻法是将线路预先在覆铜板上画好，再用刻刀将多余的铜刻掉。对于简单的PCB板，可以用刻刀手工完成；对于复杂的PCB板，则采用雕刻机完成。关于雕刻机的使用在第六章有详细介绍。

1.4.2 PCB板的腐蚀制板法

腐蚀法是先用耐水浸泡的材料，如油漆等将线路和焊盘覆盖上，再用三氯化铁（$FeCl_3$）溶液进行腐蚀，通过置换反应，将铜置换出来。单面板PCB，如本教程第二章所涉及的PCB板制作均可采用腐蚀法。下面是采用热转印机制作PCB板的流程，如图1.3所示。

关于热转印机制板的详细过程见第六章。

最后说明一点，腐蚀的速度与$FeCl_3$溶液的浓度和温度有关。腐蚀时如果能够搅拌溶液使之流动，也可以提高腐蚀速度。当发现腐蚀速度明显变慢时，应更新溶液。

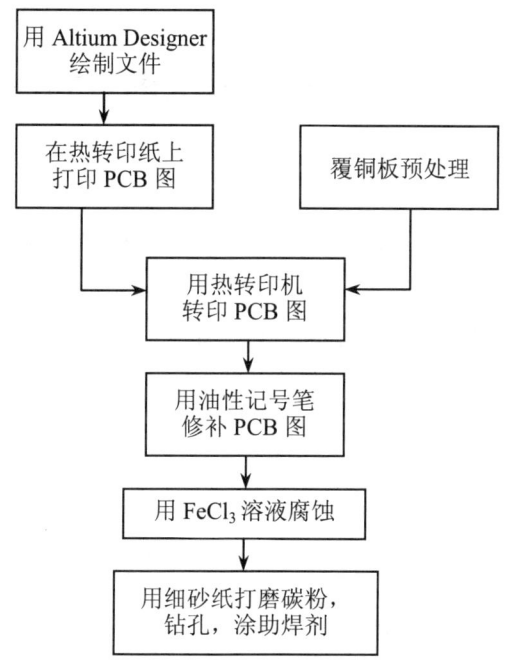

图 1.3 采用热转印机制作 PCB 板的流程

1.5 电子制作中的 5S 管理

5S 管理起源于日本,是指在生产现场中对人员、机器、材料、方法等生产要素进行有效的管理,这是日本企业独特的一种管理办法。

所谓 5S,就是整理(SEIRI)、整顿(SEITON)、清扫(SEISO)、清洁(SETKETSU)、素养(SHITSUKE)五个项目,因日语的罗马拼音均以"S"开头而简称 5S 管理。5S 管理通过规范现场、现物,营造一目了然的工作环境,其最终目的是提升人的品质,养成良好的工作习惯。

职业素质培养是高职教育的重要组成部分,而良好的职业习惯是在平时的点点滴滴养成的。电子制作过程中,使用的元器件、原材料和工具比较多,很多同学在制作时不太注意工具的摆放、元器件的归类、工作现场的整理,容易出现很多意想不到的问题。如经常出现电烙铁将电缆烫坏,严重时出现短路,甚至危及人身安全;元器件乱扔乱放,时常遗失;下课后工作桌面从不清理;电源不关;杂物乱扔等。这些现象看似小事,其实反映了一个人的基本职业素质。因此本课程既是一门实践课,也是一门职业素质课,希望同学们能够养成良好的制作习惯。

(1) 制作工具要分门别类并且相对集中摆放,使用电烙铁时一定要用烙铁架。

(2) 制作前,把元器件清点清楚并用材料盒装好,安装时用一个取一个,不要散落在桌面上。

(3) 剪下的导线、引脚,焊接时掉下的锡渣等要及时清理,以免落到线路板内而导致短路。

(4) 制作完毕把工作台面打扫干净,仪器仪表摆放整齐,座椅归位。

第 2 章　基本电路模块的设计与制作

2.1　三极管基本放大电路的制作

现在以一个最基本的三极管共射极放大电路为例，说明如何进行放大电路的设计与制作。

2.1.1　三极管放大电路设计的原则

三极管放大电路在设计时应符合以下原则：
（1）电源的设置应使三极管处于放大状态，即发射结正偏，集电结反偏。
（2）输入回路的接法应使输入电压产生变化的电流 i_b，以 i_b 控制 i_c。
（3）输出回路的接法应当使 i_c 尽可能地流到负载中去，减少其他支路的分流。
（4）选择合理的工作点，使放大电路的动态范围尽可能大。
（5）采取必要的稳定工作点的措施。

2.1.2　共发射极放大电路的设计

图 2.1 是一个常见的共射放大电路。

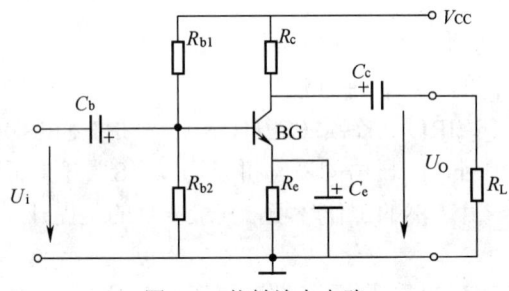

图 2.1　共射放大电路

1. 静态工作点的选取

共射放大电路的放大倍数较高，输出电压与输入电压有反相关系，输入电阻较小而输出电阻较大，常用在前置级、中间级，是最基本的放大电路。

在选取静态工作点时，应满足：

硅管：$I_1 = (5 \sim 10) I_B$　　$U_B = (1/4 \sim 1/3) V_{CC}$

锗管：$I_1 = (10 \sim 20) I_B$　　$U_B = (1/10 \sim 1/4) V_{CC}$

I_1 为流经 R_{b1} 上的电流，U_B 为三极管的基极电压。

2. 静态工作点的估算

$$U_B = \frac{R_{b2}}{R_{b2} + R_{b1}} V_{CC}$$

$$I_\mathrm{C} = I_\mathrm{E} = \frac{U_\mathrm{B} - U_\mathrm{BE}}{R_\mathrm{E}} \approx \frac{U_\mathrm{B}}{R_\mathrm{E}}$$

3. 动态参数的计算

（1）电压放大倍数：

$$A_\mathrm{u} = \frac{U_\mathrm{o}}{U_\mathrm{i}} = -\beta \frac{R_\mathrm{L}'}{r_\mathrm{be}}$$

其中

$$r_\mathrm{be} = 300\Omega + \beta \frac{26(\mathrm{mV})}{I_\mathrm{E}(\mathrm{mA})}$$

（2）输入电阻：

$$r_\mathrm{i} = R_\mathrm{b1} // R_\mathrm{b2} // r_\mathrm{be}$$

（3）输出电阻：

$$r_\mathrm{o} = R_\mathrm{c}$$

2.1.3 电路的制作与测试

1. 元器件清单

根据所给电路进行焊接，确认无误后进行测试。各元件的型号和参数见表 2.1。

表 2.1 基本放大电路元器件清单

元器件	型号和参数	元器件	型号和参数
R_b1	RT14-1/4W-39kΩ	C_c	CD11-16V-10μF
R_b2	RT14-1/4W-10kΩ	C_e	CD11-16V-10μF
R_c	RT14-1/4W-2kΩ	C_b	CD11-16V-10μF
R_e	RT14-1/4W-910Ω	BG	S9013

2. 焊接与测试

该电路无需调试，只要焊接正确就可正常工作。电路的工作电压取 9V。

（1）测静态工作点。通电后，分别测出电路的 I_C 和 U_CE，注意 I_C 可以间接测量，即先测出 R_C 的电压值 U_RC，再用 U_RC 除以 R_C 即可，这也是工程上测电流的一种简便易行的方法。

（2）测交流放大倍数。用信号发生器输入峰值为 10mV，频率为 1kHz 的正弦信号，在不接负载的情况下用示波器观察输出端的波形并读出其峰值电压，算出交流放大倍数。如果接负载，可以发现其交流放大倍数将下降，下降的幅度与负载大小有关，负载的阻值越小则交流放大倍数下降得越多。逐渐增大输入信号的幅度，输出端将出现失真，说明此时已超出三极管的动态范围。

（3）测放大电路的频率特性。保持输入端信号的峰值电压为 10mV 不变，逐渐增加输入信号的频率，可以发现当频率增加到一定值后，输出信号的幅度开始下降。当幅度降到最大值的 0.707 倍时，对应的输入信号的频率就是该放大器的通频带的截止频率。

2.2 场效应管放大电路的设计与制作

场效应管是通过输入信号电压来控制其输出电流大小的，属于电压控制型器件。它具有输入电阻高、噪声低、制造工艺简单、便于大规模集成等优点，已被广泛应用于集成电路中。

根据结构的不同，场效应管分为结型场效应管（JFET）和绝缘栅型场效应管（IGFET）或称为金属－氧化物－半导体场效应管（MOSFET）两大类。

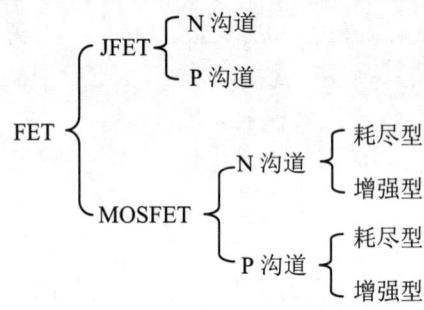

2.2.1 场效应管的主要参数

（1）开启电压 $U_{GS(th)}$。增强型 MOSFET 的参数，指 u_{DS} 为固定值时（按该器件工作手册规定，如 10V），使 i_D 等于某一微小电流（如 10μA）时所需的最小 u_{GS}。

（2）夹断电压 $U_{GS(off)}$。耗尽型场效应管（含 JFET）的参数，指 u_{DS} 为固定值时（按手册规定，如 10V），使 i_D 减小到某一微小电流（如 1μA 或 10μA）时的 u_{GS}。

（3）饱和漏极电流 I_{DSS}。耗尽型场效应管的参数，指在 $u_{GS}=0$ 时，使管子出现预夹断时的漏极电流。该参数也是 JFET 管子的最大输出电流。

（4）跨导 g_m。g_m 指在 u_{DS} 为定值时，漏极电流 i_D 的微变量和引起它变化的 u_{GS} 微变量之比。即

$$g_m = \frac{di_D}{du_{GS}}\bigg|u_{DS} = 常数$$

g_m 反映了栅源电压对于漏极电流的控制能力，是表征场效应管放大能力的重要参数，单位为西门子（S），也常用毫西（mS）。

（5）最大漏极电流 I_{DM}。I_{DM} 是指管子工作时允许的最大漏极电流。

（6）最大耗散功率 P_{DM}。最大耗散功率 $P_{DM}=u_{DS}i_D$，受管子最高工作温度的限制。

（7）漏源击穿电压 $U_{(BR)DS}$。它是漏、源间所能承受的最大电压，即 u_{DS} 增大到使 i_D 急剧上升时（管子击穿）的 u_{DS}。

（8）栅源击穿电压 $U_{(BR)GS}$。它是栅、源间所能承受的最大电压。

其中，I_{DM}、P_{DM}、$U_{(BR)DS}$、$U_{(BR)GS}$ 为场效应管的极限参数。

2.2.2 场效应管的使用原则

(1) 场效应管输入阻抗很高,栅极基本上不取电流,对于那些只允许从信号源取极小电流的高精度、高灵敏度的检测仪器、仪表等,宜选用 FET 作输入级。

(2) 在场效应管中,只有多子参与导电,所以不易受温度、辐射等外界因素影响,在环境条件变化较大的场合,宜选用 FET。

(3) FET 的噪声比 BJT 小,尤其是 JFET 的噪声更小。对于低噪声、稳定性要求高的线性放大电路,宜选用 JFET。

(4) FET 的源极和漏极若对称,其源漏极可以互换使用。但对于在制造时已将源极和衬底连在一起的 MOS 管,则源极和漏极不能互换。

(5) 在使用时,各极电源极性应按规定接入,特别要注意不要将 JFET 的栅、源电压极性接反,以免 PN 结因正偏过流而烧毁;极限参数不能超过规定值。

(6) 由于 MOS 管的输入电阻极高,栅极少量的电荷就会产生很高的感应电压,造成管子击穿。因此,储存时,应先将各极连在一起;焊接时,烙铁应良好接地,最好是利用烙铁的余热焊接;有条件时带防静电手链操作。

(7) JFET 可以在栅源极开路状态下贮存,可以用万用表检查管子质量;MOS 管不能用万用表检测,必须用专用仪器。

2.2.3 场效应管基本放大电路的设计与制作

和 BJT 一样,FET 放大电路也应通过偏置电路建立一个合适且稳定的工作点,不同的是需要合适的电压而不要偏流。表 2.2 是不同类型场效应管对偏置电压极性的要求。

表 2.2 场效应管偏置电压的极性

类型	u_{GS}	u_{DS}
N 沟道 JFET	负	正
P 沟道 JFET	正	负
增强型 NMOSFET	正	正
增强型 PMOSFET	负	负
耗尽型 NMOSFET	正、零、负	正
耗尽型 PMOSFET	正、零、负	负

图 2.2 是一个分压式共源场效应管放大电路。

可以求出电压增益:

$$A_u = \frac{g_m R'_L}{1 + g_m R_4}$$

其中 $R'_L = R_3 /\!/ R_L$,

输入电阻:

$$r_i = R_1 /\!/ R_2 + R_g \approx R_g$$

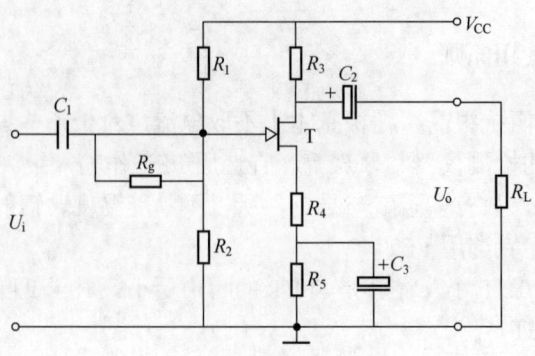

图 2.2 分压式共源场效应管放大电路

输出电阻：

$$r_o \approx R_3$$

元器件清单见表 2.3。

表 2.3 场效应管放大电路元器件清单

元器件	型号和参数	元器件	型号和参数
R_1	RT14-1/4W-2MΩ	R_5	RT14-1/4W-2kΩ
R_2	RT14-1/4W- 47kΩ	C_1	CL11-63V-0.01μF
R_g	RT14-1/4W-10MΩ	C_2	CD11-16V-10μF
R_3	RT14-1/4W-10kΩ	C_3	CD11-16V-47μF
R_4	RT14-1/4W-2kΩ	T	2SK30

按如下过程完成制作：

（1）对照元器件清单，用实验板焊接电路，输出端接 10kΩ 的负载。

（2）检查无误后接信号源和示波器，选择正弦波信号，取频率为 1kHz，幅度为 10mV，通电观察示波器的波形，计算电压增益。

（3）改变信号源的频率，测电路的通频带。保持输入端信号的峰值电压为 10mV 不变，逐渐增加输入信号的频率，可以发现当频率增加到一定值后，输出信号的幅度开始下降。当幅度降到最大值的 0.707 倍时，对应的输入信号的频率就是该放大器的通频带的截止频率。

2.3 串联型线性稳压电源的制作

串联型线性稳压电源以其电路简单、性能优良、稳压效果好，而在很多产品和设备中广泛使用，是一种比较有实用意义的电路。

2.3.1 串联型线性稳压电源的组成

图 2.3 是串联型线性稳压电源的组成框图，有变压器、整流滤波和稳压电路三个环节。

变压器的作用是将 220V 的市电降压至适当的交流电压。在选择变压器时，一般要考虑两个参数：功率和输出电压。整流电路可为全波整流或桥式整流。滤波一般由电容器完成，其数值与输出电压和输出电流有关，当输出电压在 10～20V 之间时，工程上可按表 2.4 选择。

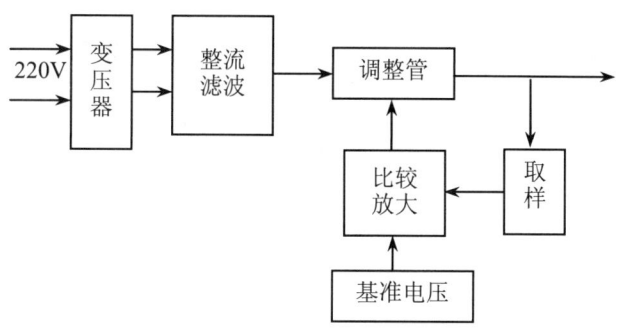

图 2.3 串联型线性稳压电源的组成框图

表 2.4 滤波电容的容量与整流电流的关系

整流电流 I_O/mA	50 以下	50～100	100～500	500～1000	1000 左右	2000 左右
滤波电容容量 /μF	200	200～500	500	1000	2000	4000

调整管一般是一个大功率三极管，选择时主要考虑输出功率，可查阅相关三极管手册。

2.3.2 串联型线性稳压电源的实际电路

图 2.4 是一个实际的串联型线性稳压电源电路，其中 BG_1、BG_2 组成复合管，完成稳压调整，BG_3 为比较放大管，D_z 提供基准电压。

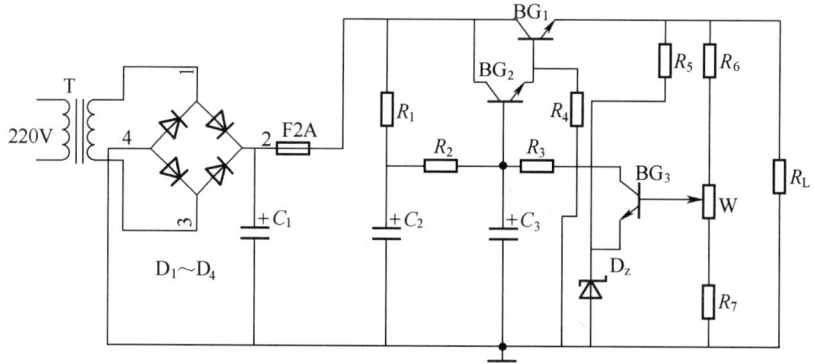

图 2.4 串联型线性稳压电源电路

该电路的工作原理是：当电网电压或负载变化而引起输出电压 U_O 变化时，取样电路取出输出电压的一部分送入比较放大器 BG_3，与基准电压进行比较，产生的误差电压经放大后去控制由 BG_1、BG_2 组成的调整电路的集－射间电压，补偿 U_O 的变化，从而稳定输出电压。

串联型线性稳压电源的主要技术指标如下：

1. **输出电流 I_L（即额定负载电流）**

它的最大值决定于调整管的最大允许功耗 P_{CM} 和最大允许电流 I_{CM}。

2. 输出电压 U_O 及其调节范围

当基准电压固定后,改变取样电压的值就可调节输出电压的值。由图 2.4 可算出:

$$U_{Omax} = \frac{R_6 + R_7 + W}{R_7} U_Z$$

$$U_{Omin} = \frac{R_6 + R_7 + W}{R_7 + W} U_Z$$

其中 U_Z 是 D_Z 的稳压值,并且不考虑 BG_3 的 U_{BE}。

3. 稳压系数 S

稳压系数即输出直流电压的相对变化量与输入直流电压的相对变化量之比。

$$S = \frac{\Delta U_O / U_O}{\Delta U_i / U_i}$$

通常 S 约为 $10^{-2} \sim 10^{-4}$。

4. 输出内阻 r_o

输出内阻是指输入直流电压不变时,由于负载电流的变化量 ΔI_L 而引起的输出直流电压的变化量 ΔU_O 与 ΔI_L 的比值。

$$r_o = \frac{\Delta U_O}{\Delta I_L}$$

显然,r_o 越小,则负载变化对输出的直流电压影响越小。

5. 输出纹波电压

直流稳压电源的输出电压并非完全的直流,其中包含少量的交流成分。通常我们把在 U_i=220V 时,在额定输出电流和额定输出电压的情况下测出的交流分量的有效值或峰-峰值称为纹波电压。该电压越小越好。

2.3.3 串联型线性稳压电源的制作与调试

1. 选择元器件

除调整管的集电极耗散功率应满足输出功率的要求外,本电路对元器件无特殊要求。表 2.5 是图 2.4 电路所需的材料清单。

表2.5 串联型线性稳压电源元器件清单

元件名称	型号和参数	元件名称	型号和参数
R_1	RT14-1/4W-2kΩ	C_2	CD11-25V-100μF
R_2	RT14-1/4W-1kΩ	C_3	CD11-25V-100μF
R_3	RT14-1/4W-100Ω	BG_1	2SD313F
R_4	RT14-1/4W-120kΩ	BG_2	9014
R_5	RT14-1/4W-560Ω	BG_3	9014
R_6	RT14-1/4W-390Ω	D_1	1N4001
R_7	RT14-1/4W-1.2kΩ	D_2	1N4001

续表

元件名称	型号和参数	元件名称	型号和参数
W	1kΩ 电位器	D_3	1N4001
R_L	RX-30W-10Ω	D_4	1N4001
C_1	CD11-32V-2200μF	D_Z	稳压管 7V2

根据材料清单选择元器件。对于电阻，应先读色环再用万用表确认，三极管的管脚应通过万用表自行判别。

2. 焊接

可以用覆铜板制作 PCB 板，这样可完成一个比较正规的稳压电源的制作，也可以用实验板做一个简单的验证性电源。根据原理图进行制作焊接时，要注意以下几点：

（1）220V 市电的走线要与稳压部分有一定的距离，并且位于板子较偏的位置，最好能够将覆铜用绝缘胶布粘好，这样可防止在调试时触电的危险。

（2）为提高输出功率，调整管要加装散热器，同时散热器与三极管的接触面要涂导热硅脂。

（3）整流二极管要悬空焊接，以利散热。

3. 调试及故障排除

在完成焊接并检查无误后，可通电调试。

（1）测输出电压。调节 W，输出电压应在约 9~16V 变化，最终将输出电压固定在 12V。

（2）带负载能力的估测。在接负载（用一个 30W，10Ω 的线绕电阻代替）和不接负载两种情况下分别测输出电压，两种情况的变化越小说明带负载能力越强。

（3）测纹波电压。接负载，用交流毫伏表测出纹波电压。

（4）稳压过程的观察。用调压器改变输入电压的值，同时测量调整管的 U_{CE} 和电源的输出电压值，可以发现：当输入电压上升时，调整管的 U_{CE} 相应上升；当输入电压下降时，调整管的 U_{CE} 相应下降，而输出电压基本不变，即通过调整，U_{CE} 的变化补偿了输入电压的变化。

4. 故障判断与排除

如果电路出现故障，应首先分析故障原因再检查相应的元器件。

（1）输出电压为 0 或很低。此时说明调整管开路或截止。主要原因有：调整管 BG_1 开路性损坏；BG_2 开路导致 BG_1 截止；R_1 或 R_2 开路导致 BG_1 截止等。

（2）不稳压。此时说明调整管饱和或 C、E 极短路。主要原因有：调整管 BG_1 短路性损坏；BG_2 短路导致 BG_1 饱和；BG_3 开路性故障导致 BG_1 饱和等。

2.4 集成运算放大器的应用

运算放大器是最基本的集成放大单元，它实际上是一个具有很高增益的多级直流放大器。理想的运算放大器可以认为其电压放大系数 $A_u=\infty$；输入电阻 $r_i=\infty$；输出电阻 $r_0=0$。

图 2.5 是集成运算放大器的国标符号。

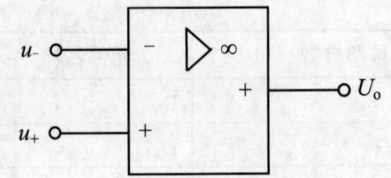

图 2.5　集成运算放大器的国标符号

集成运算放大器的应用非常广泛,按其工作状态可分为线性应用和非线性应用。线性应用的条件是引入了负反馈,其输入、输出信号具有线性关系。非线性应用的条件是开环或引入正反馈,此时运算放大器工作于非线性的限幅状态。

运算放大器的传输特性如图 2.6 所示。其中 BC 段为线性区,AB 和 CD 段为非线性区。

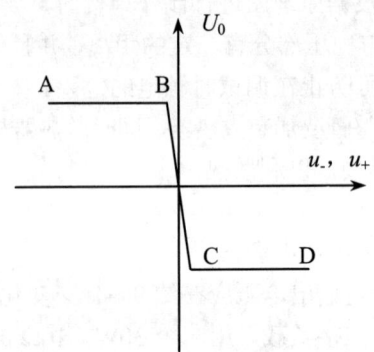

图 2.6　运算放大器的传输特性

对于工作在线性区的运算放大器来说,可以认为 $u_- = u_+$,即所谓"虚短";流入输入端的电流 $i_- = i_+ = 0$,即所谓"虚断"。

本节分别以两个常用电路的设计与制作,介绍运算放大器在这两种状态下的应用。

2.4.1　电压比较器的制作

1. 电压比较器的工作原理

电压比较器是运算放大器在非线性状态下的一个典型应用。

图 2.7(a)给出了一个基本单值比较器。输入信号 U_{in},即待比较电压,它加到反相输入端,在同相输入端接一个参考电压(门限电平)U_r。当输入电压 $U_{in} < U_r$ 时,输出为高电平 $+U_{om}$;当输入电压 $U_{in} > U_r$ 时,输出为低电平 $-U_{om}$。图 2.7(b)为其传输特性。

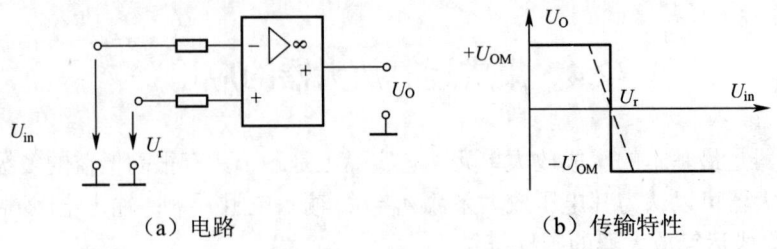

(a) 电路　　　　　　　　　　(b) 传输特性

图 2.7　单值电压比较器

如果取 $U_r=0$，即将参考电压端接地，该电路就称为过零比较器。当 U_{in} 接同相端时，称为同相比较器；当 U_{in} 接反相端时，称为反相比较器。

上面介绍的比较器的输出电压的幅度为运算放大器的最大电压。如果在输出端接稳压管，就可以得到有限幅的比较器。图 2.8 就是一个双向限幅过零比较器，其输出值为 $\pm U_Z$。

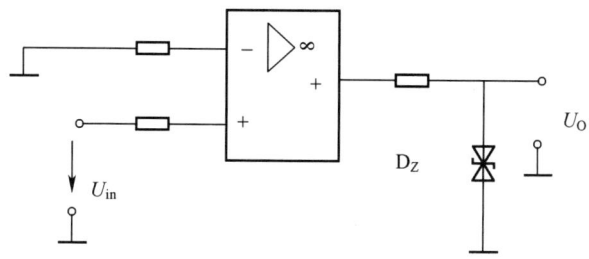

图 2.8 双向限幅过零比较器

2. 滞回比较器

滞回比较器又称为迟滞比较器。

上述图 2.7 和图 2.8 比较器又称为开环比较器，缺点是抗干扰能力差。只要输入电压在 U_r 附近有微小变化时，输出电压就会在 $\pm U_{om}$ 或 $\pm U_Z$ 之间上下跳变。如有干扰信号进入，比较器也容易误翻转。解决办法是适当引入正反馈，构成滞回比较器。图 2.9 为滞回比较器的电路图及传输特性。

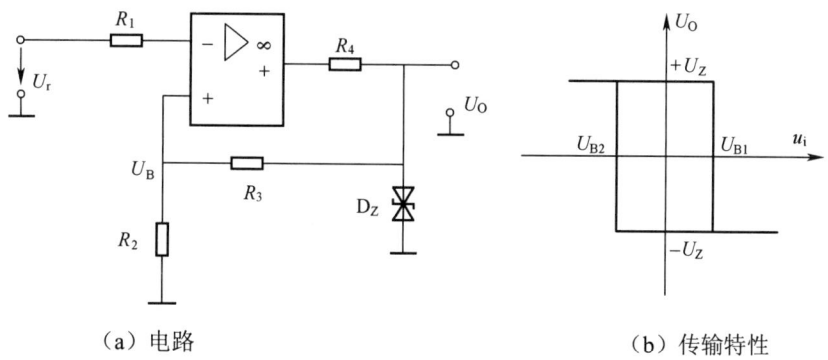

（a）电路　　　　　　　　　　　　（b）传输特性

图 2.9 滞回比较器电路及传输特性

当输入电压从小变大，超过 U_{B1} 时，输出由 $+U_Z$ 跳变到 $-U_Z$。当输入电压再次从大变到小，小于 U_{B2} 时，输出由 $-U_Z$ 跳变到 $+U_Z$。

这里：

$$U_{B1} = \frac{R_2}{R_2 + R_3} U_Z$$

$$U_{B2} = -\frac{R_2}{R_2 + R_3} U_Z$$

$\Delta U = U_{B1} - U_{B2}$，称为回差，改变 R_2、R_3 的值就可改变回差。

3. 实用滞回比较器的制作

根据图 2.9 电路制作一个滞回比较器，元器件清单见表 2.6。如没有 7.5V 双向稳压管，可以用两个 7.5V 稳压管代替。

表 2.6 滞回比较器材料清单

编号	型号及参数	编号	型号及参数
R_1	RT14-470Ω	R_4	RT14-1kΩ
R_2	RT14-5.1kΩ	IC	LM324
R_3	RT14-10kΩ	D_Z	7.5V 双向稳压管

该电路比较简单，无需调整，只要焊接正确，电路均能正常工作。工作电压建议采用±9V，根据公式可算出 U_{B1}=2.5V，U_{B2}=-2.5V。

输入端接幅值为 5V 的正弦波（从信号发生器获得），用示波器观察输出端波形。

2.4.2 正弦波发生器的设计与制作

1. 由集成运算放大器构成的文氏电桥振荡电路

图 2.10 是文氏电桥振荡电路，是一种应用广泛的低频正弦波信号发生器。

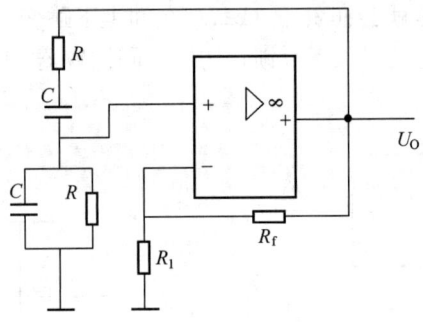

图 2.10 基本文氏电桥振荡电路

图中 R_f、R_1 组成深度负反馈，可决定电路的电压放大倍数，满足自激振荡的条件。R、C 组成正反馈电路，具有选频特性，可决定电路的振荡频率。

该电路的输出频率是：

$$f_o = \frac{1}{2\pi RC}$$

2. 文氏电桥正弦信号发生器的设计

下面设计一个输出频率为 f_o=1000～2000Hz 可调的正弦波信号发生器。要求振幅基本稳定，波形正负半周基本对称，无明显失真。

图 2.11 是一个振荡频率可调的文氏电桥正弦波发生器。R、R_{P2}、C 组成串、并联网路，形成正反馈支路，决定了振荡频率；R_1、R_2、R_3、R_{P1} 和 D_1、D_2 形成负反馈支路，由它们决定起振的幅值条件和振荡波形的失真程度，其中 D_1、D_2 起稳幅作用。根据模拟电路的有关知识，该电路的起振条件为：

$$A_f = 1 + R_f/R_1 \geq 3 \quad 即 \quad R_f/R_1 \geq 2$$

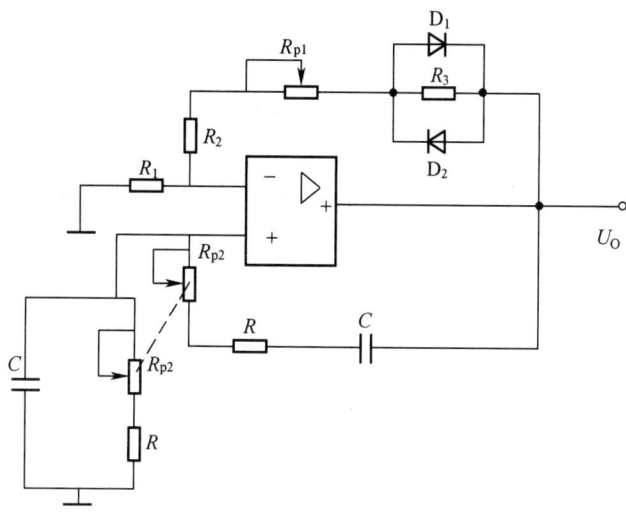

图 2.11 正弦波发生器电路原理图

输出频率为：

$$f_o = \frac{1}{2\pi R'C} \quad \text{其中} \quad R' = R_{P2} + R$$

（1）确定 R'、C 的值。由 $f_o = \frac{1}{2\pi R'C}$，可得

$$R'_{\min}C = \frac{1}{2\pi f_{\max}} = 7.76 \times 10^{-5}\,\text{s}$$

$$R'_{\max}C = \frac{1}{2\pi f_{\min}} = 1.59 \times 10^{-4}\,\text{s}$$

为使选频网络的选频特性尽量不受运算放大器的输入、输出电阻的影响，应使

$$R_i \gg R' \gg R_o$$

R_i 为运算放大器的输入电阻，一般为几百千欧以上；R_o 为运算放大器的输出电阻，一般在几百欧以下。

如选 $C = 0.01 \times 10^{-6}\,\text{F} = 0.01\,\mu\text{F}$，那么

$$R'_{\max} = \frac{1.59 \times 10^{-4}}{0.01 \times 10^{-6}} = 15.9 \times 10^3\,\Omega = 15.9\,\text{k}\Omega$$

$$R'_{\min} = \frac{7.76 \times 10^{-5}}{0.01 \times 10^{-6}} = 7.76 \times 10^3\,\Omega = 7.76\,\text{k}\Omega$$

可选 R 为 7.5kΩ，R_{P2} 为 10kΩ 的双联电位器。C 选择损耗小、稳定性高的聚苯乙烯电容器 CBB-50V-0.01μF。

（2）确定 R_1、R_f 的值。由起振条件可知

$$R_f \geq 2R_1$$

可取 $R_f = 2.1R_1$，这样既保证起振，又不至于引起较大失真。

另外，还要考虑基本满足运算放大器的直流平衡条件，即

$$R' \approx R_1 // R_f$$

取 $R'=12\text{k}\Omega$，由此可得 $R_1=8.13\text{k}\Omega$，取标称值 $8.2\text{k}\Omega$，则

$$R_f = 2.1R_1 = 18\text{k}\Omega$$

（3）确定稳幅电路的元件。D_1、D_2 的作用是稳幅。在振荡过程中，D_1、D_2 交替导通或截止。当外界因素使振幅增大或减小时，二极管的导通电阻将减小或增大，使负载的反馈系数自动增大或减小，从而抑制振幅的变化。

选择 D_1、D_2 时，应注意两管的特性要基本一致，且温度稳定性要好。这里选择开关二极管 1N4148。

由于二极管的非线性会引起波形失真，因此在二极管两端并接一个电阻 R_3。为兼顾稳幅效果和减小失真，一般取 $R_3=r_D$。假定 $r_D=5\text{k}\Omega$，可暂取 $R_3=5.1\text{k}\Omega$，如不合适可调整。

（4）R_2、R_{P1} 的选择。

$$R_2 + R_{P1} = R_f - (R_3 // r_D) = 18 - 5/2 = 15.5\text{k}\Omega$$

为便于调整，R_2 取 $7.5\text{k}\Omega$，R_{P1} 取 $10\text{k}\Omega$。

3. 文氏电桥正弦信号发生器的制作与调试

（1）材料清单。本电路的材料清单见表 2.7。

（2）制作与调试。按电路原理图完成焊接，LM324 的引脚见附录。

工作电压取 ±5V，输出端接示波器。首先调反馈电阻 R_f，使电路起振，且波形失真最小。如果波形失真较大，可减小 R_3 的值。如果正负半周幅度相差较大，可另换一只 D_1 或 D_2，直至幅度基本相等为止。

表 2.7 文氏电桥正弦信号发生器材料清单

元件名称	型号及参数	元件名称	型号及参数
R	RJ14-0.25W-7.5kΩ	R_{P2}	10kΩ 双联电位器
R_1	RT14-0.25W-8.2kΩ	D_1	1N4148
R_2	RT14-0.25W-7.5kΩ	D_2	1N4148
R_3	RT14-0.25W-5.1kΩ	C	CBB-50V-0.01μF
R_{P1}	10kΩ	运算放大器	LM324

在得到基本不失真的正弦波后，可用示波器或频率计测量其频率。如频率偏差较多，可调整 R 或 C 的值。为方便调整，最好固定电容器的值，只改变电阻的值。调试时，应多备一些电阻供选择。

2.5 数字逻辑电路的设计与制作

数字电路在现代电子系统中地位越来越重要。随着大规模集成电路技术的发展，可编程逻辑器件 CPLD 和 FPGA 在比较复杂的数字系统中的使用越来越频繁，但在中、小规模的数字系统中，传统的通用数字芯片仍占主导地位。利用这些芯片进行设计和制作仍然是电类专业学生必须掌握的技能。

2.5.1 基本门电路和逻辑电平规范

1. 基本门电路

门电路是数字电路的基本单元。通常有与门、或门和非门。其电路符号如图 2.12 所示，逻辑关系见表 2.8。

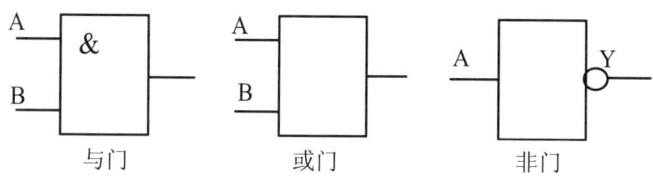

图 2.12 基本门电路符号

表 2.8 逻辑门输入与输出的关系

输入信号		与门	或门	非门
A	B			
0	0	0	0	Y=NOT A
0	1	0	1	
1	0	0	1	
1	1	1	1	

基本门电路是实现各种组合逻辑电路和时序逻辑电路的最基本单元。

2. 逻辑电平的转换

一般数字电路用到的电平形式是 TTL 逻辑电平。除此之外，还有 HTL、ECL、CMOS 等电平形式。

（1）TTL 电平与 HTL 电平的转换。HTL 电路即高值、高抗干扰电路，它的阈值电压比较高（一般在 7~8V）。但由于输入部分是二极管结构，所以速度比较低。通常这种数字集成电路适用于对速度要求不高，但对可靠性要求较高的工业控制设备中。

一般情况下，HTL 数字电路的输出高电平是 $V_{OH}>11.5V$，输出低电平是 $V_{OL}<1.5V$，输入短路电流 $I_{IS}<1.5mA$，输入漏电流 $I_{IH}<6\mu A$，空载导通电流 $I_{EI}<6mA$。

集成电路 CH2017 可以实现从 TTL 电平向 HTL 电平的转换，CH2016 可以实现从 HTL 电平向 TTL 电平的转换。CH2017 和 CH2016 的引脚见附录。

（2）TTL 电平和 ECL 电平的转换。ECL 电平即发射极耦合逻辑电平，是一种非饱和型数字逻辑电路，具有速度快、逻辑功能强、扇出能力强、噪声低、引线串扰小和自带参考源等优点，广泛应用于数字通信、高精度测试设备和频率合成等场合。

ECL 电路电源一般为-5.2V（CE10K 系列）或-4.5V（CE100K 系列）。输出逻辑高电平分别为-0.9V 和-0.955V，输出逻辑低电平分别为-1.75V 和-1.705V。集成电路 CE1024 可以实现从 TTL 向 ECL 的电平转换，CE1025 可以实现从 ECL 向 TTL 的电平转换。CE1024 和 CE1025 的引脚见附录。

（3）TTL 与 CMOS 的电平转换。CMOS 电路具有低功耗、宽工作电压范围、抗干扰能力强、输入阻抗高、扇出能力强的特点，在要求低功耗的电路中得到广泛应用。

当电源电压为 5V 时，对于带缓冲门的 CMOS 电路，$V_{IL} \leq 1.5V$，$V_{IH} \geq 3.5V$。

对于不带缓冲门的 CMOS 电路，$V_{IL} \leq 1V$，$V_{IH} \geq 4V$。

对于从 TTL 电平向 CMOS 电平的转换，由于 TTL 电路输出高电平的规范值为 2.4V，在电源电压为 5V 时，CMOS 电路的输出高电平大于 3.5V，这样就造成了 TTL 电路与 CMOS 电路接口上的困难，解决的办法是在 TTL 电路的输出端与电源接上拉电阻。以最常见的 74 系列集成电路为例，上拉电阻 R 的取值为：

74 系列：4.7kΩ≥R≥390Ω　　74H 系列：4.7kΩ≥R≥270Ω

74L 系列：27kΩ≥R≥1.5kΩ　　74S 系列：4.7kΩ≥R≥270Ω

74LS 系列：12kΩ≥R≥820Ω

对于 CMOS 向 TTL 的电平转换，由于 TTL 电路输入短路电流较大，要求 CMOS 电路在 $V_{OL}=0.5V$ 时能给出足够的驱动电流，因此需要使用 CC4049、CC4050 等作为接口器件，如图 2.13 所示。

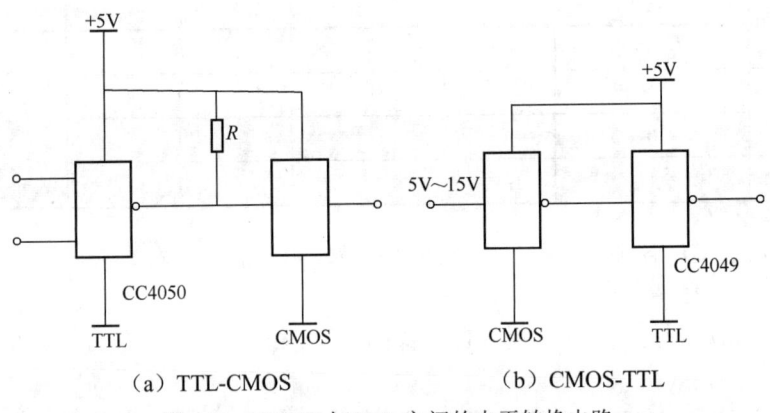

(a) TTL-CMOS　　(b) CMOS-TTL

图 2.13　CMOS 与 TTL 之间的电平转换电路

2.5.2　常见数字逻辑芯片

目前最常用的数字逻辑芯片是 74 系列和 4000 系列。表 2.9 和表 2.10 列出了常用 74 系列和 4000 系列芯片的名称及逻辑功能以备查询，具体引脚可查阅相关手册。

表 2.9　常用 74 系列数字逻辑芯片名称及功能

类别	序号	功能	序号	功能
与非门和反相器	7400	四 2 输入与非门	7401	四 2 输入与非门（OC）
	7403	四 2 输入与非门	7404	6 反相器
	7405	6 反相器（OC）	7410	三 3 输入与非门
	7412	三 3 输入与非门（OC）	7413	双 4 输入与非门（施密特触发）
	7414	6 反相器（施密特触发）	7418	双 4 输入与非门（施密特触发）
	7419	6 反相器（施密特触发）	7420	双 4 输入与非门

续表

类别	序号	功能	序号	功能
与非门和反相器	7422	双 4 输入与非门（OC）	7424	四 2 输入与非门（施密特触发）
	7426	四 2 输入与非门（OC、高压输出）	7430	8 输入与非门
	74133	13 输入与非门	74134	12 输入与非门（3 态）
或非门	7402	四 2 输入或非门	7423	可扩展双 4 输入或非门（带选通端）
	7425	双 4 输入或非门（带选通端）	7427	三 3 输入或非门
	74260	双 5 输入或非门		
与门	7408	四 2 输入与门	7409	四 2 输入与门（OC）
	7411	三 3 输入与门	7415	三 3 输入与门（OC）
	7421	双 4 输入与门		
缓冲器、驱动器及总线收发器	7406	6 反相缓冲器/驱动器（OC、高压输出）	7407	6 缓冲器/驱动器（OC、高压输出）
	7416	6 反相缓冲器/驱动器（OC、高压输出）	7417	6 缓冲器/驱动器（OC、高压输出）
	7428	四 2 输入或非缓冲器	7433	四 2 输入或非缓冲器（OC）
	7434	6 缓冲器	7435	6 缓冲器（OC）
	7437	四 2 输入与非缓冲器	7438	四 2 输入与非缓冲器（OC）
	7439	四 2 输入与非缓冲器（OC）	7440	双四输入与非缓冲器
	74140	双四输入与非线驱动器（OC）	74240	8 反相缓冲器/线驱动器/线接收器（3 态）
	74241	8 缓冲器/线驱动器/线接收器（3 态）	74242	4 总线收发器（3 态、反相）
	74243	4 总线收发器（3 态、同相）	74244	8 缓冲器/线驱动器/线接收器（3 态）
	74245	8 总线收发器（3 态）	74340	8 缓冲器/线驱动器
	74341	8 缓冲器/线驱动器	74344	8 缓冲器/线驱动器
	74365	6 缓冲器/总线驱动器（3 态、同相）	74366	6 缓冲器/总线驱动器（3 态、反相）
	74367	6 缓冲器/总线驱动器（3 态、同相）	74368	6 缓冲器/总线驱动器（3 态、反相）
	74425	4 门总线缓冲器（3 态）	74465	8 总线缓冲器（3 态、同相门控允许）
	74466	8 总线缓冲器（3 态、反相门控允许）	74467	8 总线缓冲器（同相 4 线和 4 线允许、3 态）
	74468	8 总线缓冲器（反相 4 线和 4 相允许、3 态）	74540	8 缓冲器/总线驱动器（3 态、反相）
	74541	8 缓冲器/总线驱动器（3 态、同相）	74620	8 总线收发器（3 态）
	74621	8 总线收发器（OC）	74622	8 总线收发器（OC）
	74623	8 总线收发器（3 态）	74638	8 总线收发器（3 态、OC、反相）
	74639	8 总线收发器（3 态、OC、同相）	74640	8 总线收发器（3 态、反相）
	74641	8 总线收发器（OC、同相）	74642	8 总线收发器（OC、反相）
	74643	8 总线收发器（3 态、单反相）	74644	8 总线收发器（OC、反相）
	74645	8 总线收发器（3 态、同相）	74795	8 总线缓冲器（同相门控允许）
	74796	8 总线缓冲器（反相门控允许）	74797	8 总线缓冲器（同相 4 线和 4 线允许）
	74827	10 缓冲器（3 态）		

续表

类别	序号	功能	序号	功能
或门	7432	四 2 输入或门		
与或非门	7450	2 输入/3 输入双与或非门	7451	二 2 输入双与或非门
	7453	4 组输入与或非门（可扩展）	7454	4 组输入与或非门
	7455	2 组 4 输入与或非门	7464	4/2/3/2 输入与或非门
	7465	4/2/3/2 输入与或非门（OC）		
扩展器	7460	双 4 输入扩展器		
触发器	7470	与输入 JK 正沿触发器（带清除端、负触发）	7472	与输入 JK 主从触发器（带预置和清除端）
	7473	双 JK 触发器（带预置和清除端）	7474	双 D 型正沿触发器（带预置和清除端）
	7475	4 位双稳态 D 型锁存器	7476	双 JK 触发器（带预置和清除端）
	7478	双 JK 负沿触发器（带预置、公共清除和公共时钟端）	74109	双 JK 正沿触发器（带预置和清除端）
	74110	与输入 JK 主从触发器（带数据锁定）	74111	双 JK 主从触发器（带数据锁定）
	74121	单稳多谐振荡器	74122	可再触发单稳多谐振荡器
	74123	双可再触发单稳多谐振荡器	74132	四 2 输入与非施密特触发器
	74174	6D 型触发器（带清除）	74175	4D 型触发器（带清除）
	74221	双单稳态多谐振荡器（带施密特触发器）	74273	8D 型触发器（带清除）
	74276	4 JK 触发器	74364	8D 触发器（3 态）
	74374	8D 触发器（3 态）	74377	8D 触发器
	74378	6D 触发器	74379	4D 触发器
	74422	可再触发单稳多谐振荡器（带清除）	74423	双可再触发单稳多谐振荡器（带清除）
	74534	8D 锁存器（3 态、反相）	74564	8D 触发器（3 态、反相）
	74574	8D 触发器（3 态）	74576	8D 触发器
	74577	8D 触发器	74580	8D 锁存器
运算器	7485	4 位幅度比较器	7486	四 2 输入异或门
	74135	4 异或/异或非门	74136	四 2 输入异或门（OC）
	74180	9 位奇偶数发生器/校验器	74266	四 2 输入异或非门（OC）
	74280	9 位奇偶数发生器/校验器	74386	四 2 输入异或门
寄存器及移位寄存器	7475	4 位双稳态 D 型锁存器	7477	4 位双稳态锁存器
	74100	8 位双稳态锁存器	74116	双 4 位锁存器
	74164	8 位移位寄存器（串入并出）	74165	8 位移位寄存器（并入/互补串出）
	74166	8 位移位寄存器（串、并入串出）	74198	8 位移位寄存器
	74199	8 位移位寄存器	74256	双 4 位可寻址锁存器
	74259	8 位可寻址锁存器	74278	4 位级联优先寄存器（输出可控）

续表

类别	序号	功能	序号	功能
寄存器及移位寄存器	74279	4R-S 锁存器（双箝位输入、图腾柱输出）	74363	8D 锁存器（3 态）
	74373	8D 锁存器（3 态）	74375	4 位双稳态 D 型锁存器
	74533	8D 锁存器（3 态、反相）	74563	8D 锁存器（3 态、反相）
	74573	8D 锁存器（3 态）	74674	16 位并入串出移位寄存器
编码器	74148	8-3 线优先编码器	74348	8-3 线优先编码器（3 态）
数据选择器	74150	16 选 1 数据选择器（反相）	74151	8 选 1 数据选择器
	74152	8 选 1 数据选择器	74153	双 4 选 1 数据选择器
	74157	四 2 选 1 数据选择器（同相）	74158	四 2 选 1 数据选择器（反相）
	74251	8 选 1 数据选择器（3 态）	74253	双 4 选 1 数据选择器（3 态）
	74257	四 2 选 1 数据选择器（3 态、同相）	74258	四 2 选 1 数据选择器（3 态、反相）
	74298	4 位 2 选 1 数据选择器（寄存器输出）	74351	双 8 选 1 数据选择器（3 态）
	74352	双 4 选 1 数据选择器（反相）	74353	双 4 选 1 数据选择器（3 态、反相）
锁相环与压控振荡器	74320	晶体控制振荡器	74324	压控振荡器（双相输出、允许控制）
	74325	双压控振荡器（双相输出）	74326	双压控振荡器（双相输出、允许控制）
	74327	双压控振荡器（单相输出）	74624	压控振荡器（双相输出、允许控制）
	74625	双压控振荡器（双相输出）	74626	双压控振荡器（双相输出、允许控制）
	74627	双压控振荡器（单相输出）	74628	压控振荡器（双相输出、允许控制）
	74629	双压控振荡器（单相输出、允许控制）		
比较器	74518	8 位数值比较器（OC）	74519	8 位数值比较器（OC）
	74520	8 位数值比较器	74521	8 位数值比较器
	74522	8 位数值比较器（OC）		
译码器	74137	3-8 线译码器（带地址锁存）	74138	3-8 线译码器/多路转换器
	74139	双 2-4 线译码器/多路转换器	74154	4-16 线译码器/多路分配器
	74159	4-16 线译码器/多路分配器（OC）		
其他	7431	延时单元	7463	6 电流读出接口门
	74120	双脉冲同步器/驱动器	74265	4 互补输出电路
	74942	300Baud 调制解调器（双电源）	74943	300Baud 调制解调器（单电源）

表 2.10 常用 4000 系列数字逻辑芯片名称及功能

类别	序号	功能	序号	功能
与非门和反相器	4007	双互补对加反相器	4011	四 2 输入与非门
	4012	双 4 输入与非门	4023	三 3 输入与非门
	4068	输入与门/非门	4069	6 反相器
	4093	四 2 输入与非施密特触发器	4501	双 4 输入与非门、2 输入或/或非门
	4572	6 门（4 反相器/2 输入或非门/2 输入与非门）	4584	6 施密特触发器（反相）

续表

类别	序号	功能	序号	功能
或非门、或门、异或门	4000	双3输入或非门加1输入反相器	4001	四2输入或非门
	4002	双4输入或非门	4025	三3输入或非门
	4030	4异或门	4070	4异或门
	4071	四2输入或门	4072	双4输入或门
	4075	三3输入或门	4077	4异或非门
	4078	8输入或非/或门	4085	双2路2输入与或非门
与门	4068	8输入与门/非门	4073	三3输入与门
	4081	四2输入与门	4082	双4输入与门
缓冲器和驱动器	4009	6缓冲器/电平变换器（反相）	4010	6缓冲器/电平变换器（同相）
	4041	4同相/反相缓冲器	4049	6缓冲器/电平变换器（反相）
	4050	6缓冲器/电平变换器（同相）	4054	4段液晶显示驱动器
	4055	BCD-7段译码器/液晶显示驱动器（频率显示输出）	4056	BCD-7段译码器/液晶显示驱动器（可锁存）
	4502	6反相器/缓冲器（3态、带选通端）	4503	6缓冲器（3态）
触发器	4027	双JK主从触发器（带置位和清除端）	4093	四2输入与非施密特触发器
	4098	双可再触发单稳态触发器（带清除端）	40106	6施密特触发器（反相）
	40174	6D型触发器	4538	双精密可再触发单稳态触发器（带清除端）
	4583	双施密特触发器	4584	6施密特触发器（反相）
运算器	4008	4位二进制超前进位全加器	4063	4位数值比较器
	40101	9位奇偶发生器/检验器	4530	双5输入过半数逻辑门
	4531	12位奇偶校验器	4561	"9"求补器
	4585	4位数值比较器		
寄存器和锁存器	4006	18位串入串出静态移位寄存器	4076	4D型寄存器（3态）
	4517	双64位静态移位寄存器	4549	近似函数寄存器
	4559	近似函数寄存器	4597	8位总线兼容锁存器（3态）
	4598	8位总线兼容锁存器（3态）	4599	8位可寻址锁存器
编码器译码器	4532	8位优先编码器	4555	双二进制4选1译码器/分配器（输出H）
数据选择器和模拟开关	4016	4双向模拟开关	4019	4二选一数据选择器
	4051	单8通道模拟开关	4052	双4通道模拟开关
	4053	三2通道模拟开关	4066	4双向模拟开关
	4067	单16通道模拟开关	4097	双8通道模拟开关
	4512	8选1数据选择器（3态）	4529	双4通道/单8通道模拟数据开关
	4539	双4通道数据选择器	4551	四2通道模拟开关

续表

类别	序号	功能	序号	功能
计数器和分频器	40192	可预置十进制可逆计数器（双时钟）	40193	可预置二进制可逆计数器（双时钟）
	4510	可预置 BCD 可逆计数器（单时钟）	4521	24 级分频器
	4534	实时五、十进制计数器	4553	3 数字 BCD 计数器
	4568	相位比较器和可编程计数器	4569	双可预置 BCD/二进制计数器
锁相环	4046	锁相环		

2.5.3 简易抢答器的制作

图 2.14 是一个四路抢答器电路。

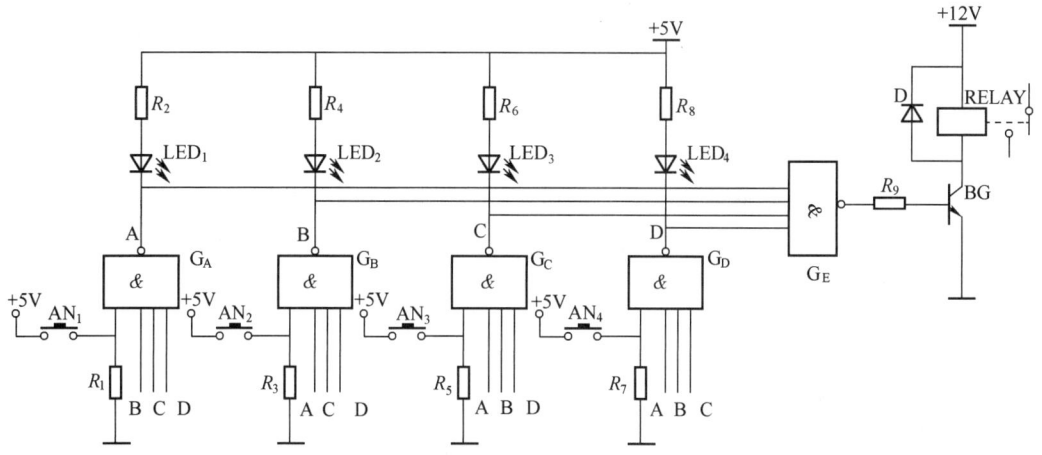

图 2.14 四路抢答器电路原理图

工作原理如下：$AN_1 \sim AN_4$ 为抢答按钮。当 $AN_1 \sim AN_4$ 未按下时，与非门 G_A、G_B、G_C、G_D 输出都为高电平，发光二极管 LED_1、LED_2、LED_3、LED_4 都不亮且与非门 G_E 输出为低电平，三极管 BG 截止，继电器（RELAY）不动作，电铃不响。为方便制作，也可以用一个发光二极管代替继电器和保护二极管 D 供演示，注意发光二极管的方向不要接错。

当某一按钮如 AN_1 按下，则 G_A 输出端 A 为低电平，LED_1 亮且三极管 BG 导通，继电器动作，电铃响。同时，由于 A 点为低电平，所以 G_B、G_C、G_D 输出都为高电平，即使其他按钮按下也不起作用，这样就达到了抢答的目的。

该电路的材料清单见表 2.11。

表 2.11 四路抢答器材料清单

元件名称	型号及参数	元件名称	型号及参数
R_1	RT14-1kΩ	R_2	RT14-300Ω
R_3	RT14-1kΩ	R_4	RT14-300Ω
R_5	RT14-1kΩ	R_6	RT14-300Ω

续表

元件名称	型号及参数	元件名称	型号及参数
R_7	RT14-1kΩ	R_8	RT14-300Ω
R_9	RT14-10kΩ	$AN_1 \sim AN_4$	按钮
$LED_{1\sim 4}$	发光二极管	D	1N4007
BG	9013	G_A、G_B	74LS20
G_C、G_D	74LS20	G_E	74LS20
RELAY	12V 继电器		

2.5.4 双音门铃的制作

555 定时器（也称为时基电路）是模拟—数字混合的中规模集成电路，具有电路结构简单、电源电压范围宽等特点，只要外接少量的阻容元器件就可构成单稳态触发器、多谐振荡器和施密特触发器。双极型 555 的电源电压可取 5～16V，输出最大负载电流可达 200mA，可直接驱动微电机、指示灯及扬声器等。单极型 555 的电源电压可取 3～18V，但输出最大负载电流为 4mA。TTL 型单时基电路器件型号最后 3 位数字为 555，双时基电路器件型号的最后 3 位数字为 556；CMOS 型单时基电路器件型号的最后 4 位数字为 7555，双时基电路器件型号的最后 4 位数字为 7556。TTL 型和 CMOS 型的逻辑功能和外部引脚排列完全相同。555 定时器在脉冲波形的产生与变换、仪器与仪表电路、测量与控制电路、定时和报警以及家用电器与电子玩具等领域都有着广泛的应用。

1. 555 定时器的功能

（1）555 定时器的电路结构和引脚排列，图 2.15（a）所示为 555 定时器的内部结构图，图 2.15（b）为外部引脚排列图。

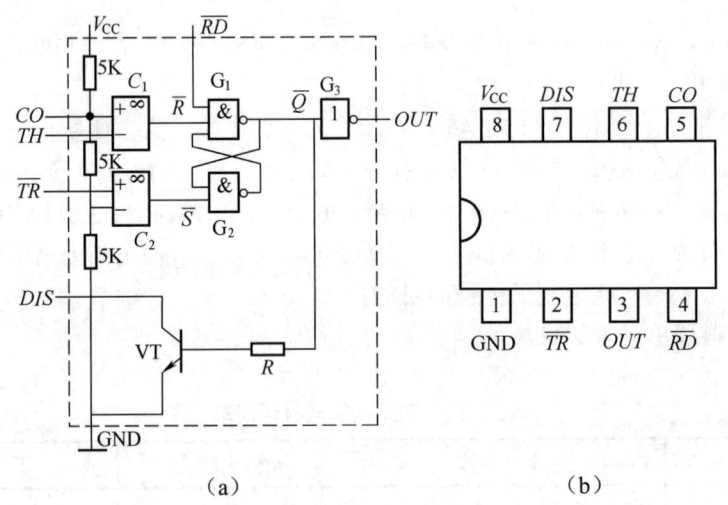

图 2.15 集成 555 定时器的电路结构及引脚排列

由图 2.15（a）可以看出，电路基本由四大部分组成。三个 5kΩ 等值电阻串联组成的分压器，为比较器 C_1 和 C_2 提供参考电压；由 C_1 和 C_2 组成的比较器用于将输入信号与参考信号进行比较；由 G_1 和 G_2 两个与非门组成基本 RS 触发器；由 VT 构成放电开关。

图中，CO 端为外部控制电压输入端，TH 端为阈值输入端，$\overline{TR}$ 端为触发输入端，DIS 端为放电端，$\overline{RD}$ 端为外部直接复位端，OUT 端为电压输出端。

由图 2.15 可看出，当 CO 端悬空时，比较器 C_1 的基准电压 $u_{1+} = \frac{2}{3}V_{CC}$，而比较器 C_2 的基准电压 $u_{2-} = \frac{1}{3}V_{CC}$；而当 CO 端外接控制电压，则可改变两个比较器 C_1 和 C_2 的参考电压大小。如 CO 端直接接外加控制电压 u_{IC}，则 $u_{1+} = u_{IC}$，$u_{2-} = \frac{1}{2}u_{IC}$。当 CO 端不用时，一般外接一个 0.01μF 的电容到地，以抑制干扰。

图 2.15（b）为引脚排列图，它是一个 8 脚双列直插式结构。

（2）555 定时器的功能分析。集成 555 定时器的功能取决于在两个比较器的输入端所加信号的电平。

1）直接复位功能。当直接复位输入端 $\overline{RD} = 0$ 时，不管其他输入端是何状态，$\overline{Q} = 1$，VT 饱和导通，第 3 脚 OUT 输出低电平。只有 $\overline{RD} = 1$ 时，555 定时器才可实现其他功能。

2）复位功能。当 $U_{TH} > \frac{2}{3}V_{CC}$、$U_{TR} > \frac{1}{3}V_{CC}$ 时，比较器 C_1 输出为 0，C_2 输出为 1，基本 RS 触发器 $\overline{R} = 0$，$\overline{S} = 1$，完成置 0 功能，$\overline{Q} = 1$，VT 饱和导通，第 3 脚 OUT 输出低电平。

3）置位功能。当 $U_{TH} < \frac{2}{3}V_{CC}$、$U_{TR} < \frac{1}{3}V_{CC}$ 时，比较器 C_1 输出为 1，C_2 输出为 0，基本 RS 触发器 $\overline{R} = 1$，$\overline{S} = 0$，完成置 1 功能，$\overline{Q} = 0$，VT 截止，第 3 脚 OUT 输出高电平。

4）维持功能。当 $U_{TH} < \frac{2}{3}V_{CC}$、$U_{TR} > \frac{1}{3}V_{CC}$ 时，比较器 C_1 输出为 1，C_2 输出也为 1，基本 RS 触发器 $\overline{R} = 1$，$\overline{S} = 1$，状态保持不变，VT 和第 3 脚 OUT 输出状态也保持不变。

综上所述，列出 555 定时器的功能表见表 2.12。

表 2.12 555 定时器电路功能表

$\overline{RD}$	TH	$\overline{TR}$	OUT	VT
0	×	×	0	导通
1	$< \frac{2}{3}V_{CC}$	$< \frac{1}{3}V_{CC}$	1	截止
1	$> \frac{2}{3}V_{CC}$	$> \frac{1}{3}V_{CC}$	0	导通
1	$< \frac{2}{3}V_{CC}$	$> \frac{1}{3}V_{CC}$	保持	保持

2. "叮咚"双音门铃

（1）电路构成。集成 555 定时器构成多谐振荡器时，适当调节振荡频率，可构成各种声响电路。图 2.16 所示是由 555 定时器构成的"叮咚"双音门铃电路，其中 R_1、R_2、R_3、C_2 和 555 构成多谐振荡器，4 脚直接复位端外接电容 C_3 到地，3 脚输出信号驱动扬声器发声。

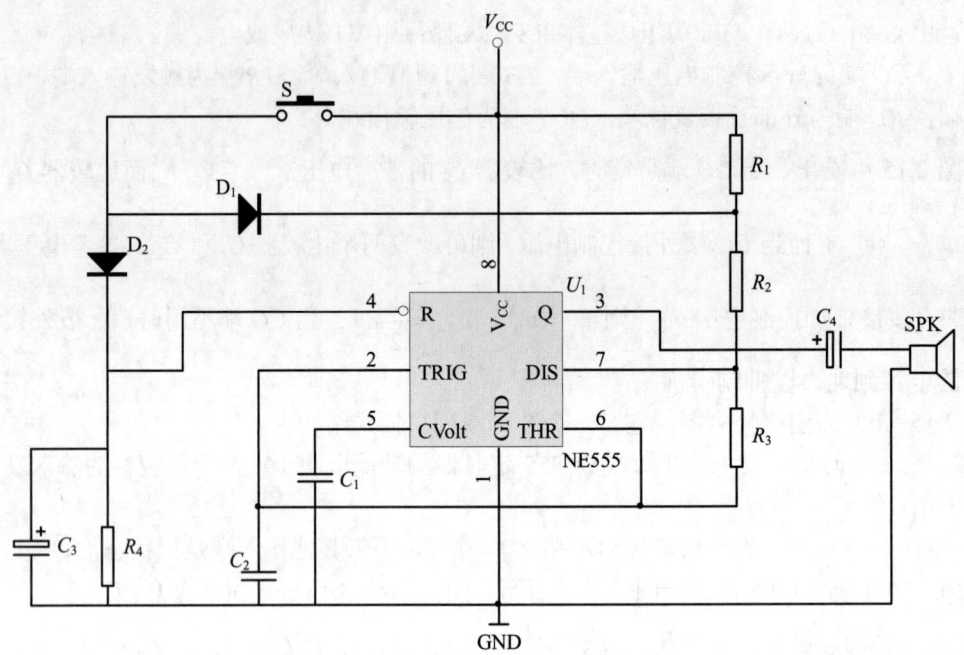

图 2.16 555 定时器构成的双音门铃

(2) 工作原理。当未按下开关 S 时，由于电容 C_3 的电压为 0V，即 555 的第 4 脚（外部直接复位端）电位为 0，直接复位端为有效低电平，555 第 3 脚输出低电平，门铃不响。

当按下开关 S 时，电源经 D_2 给 C_3 充电。由于 D_2 的导通电阻很小，C_3 上的电压很快按指数规律上升到 V_{CC}，使第 4 脚电位为高电平，直接复位端不起作用，555 构成的多谐振荡电路起振。设电容 C_2 的初始电压为 0V，即 555 定时器 2 脚、6 脚的电压为 0V。根据 555 定时器的功能，3 脚输出高电平，放电管 VT 截止，电源经 D_1、R_2、R_3 对 C_2 充电。当 u_{C2} 上升到 $\frac{2}{3}V_{CC}$ 时，3 脚输出低电平，放电管 VT 导通，电容 C_2 通过 R_3、7 脚放电，u_{C2} 按指数规律下降。当 u_{C2} 下降到 $\frac{1}{3}V_{CC}$ 时，3 脚输出高电平，放电管 VT 又截止，电源又经 D_1、R_2、R_3 对 C_2 充电，如图 2.17 所示。如此周而复始，形成自激振荡，电路发出"叮"的音响，振荡频率 f_1 由 R_2、R_3、C_2 决定。

由图 2.17 可知，多谐振荡器的周期为 $T_1=t_{w1}+t_{w2}$。其中 t_{w1} 就是电容 C_2 上的电压由 $\frac{2}{3}V_{CC}$ 按指数规律下降到 $\frac{1}{3}V_{CC}$ 的时间（电容放电时间）；t_{w2} 就是电容 C_2 上的电压由 $\frac{1}{3}V_{CC}$ 按指数规律上升到 $\frac{2}{3}V_{CC}$ 的时间（电容充电时间），可以算出：

振荡周期为：

$$T_1 = t_{W1} + t_{W2} = 0.7(R_2 + 2R_3)C_2$$

振荡频率为：

$$f_1 = \frac{1}{T_1} = \frac{1}{0.7(R_2 + 2R_3)C_2}$$

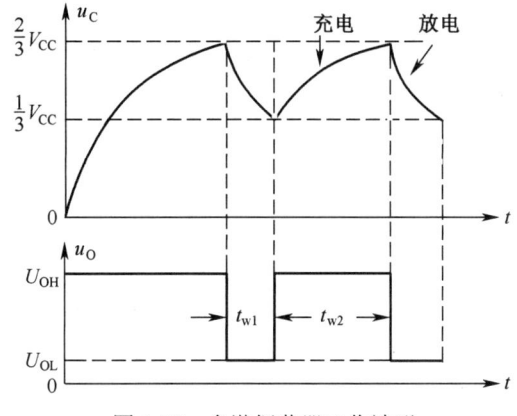

图 2.17 多谐振荡器工作波形

当断开开关 S 时，D_1、D_2 截止，R_1、R_2、R_3、C_2 和 555 构成多谐振荡器，振荡频率 f_2 由 R_1、R_2、R_3、C_2 决定，同理可得 $f_2 = \dfrac{1}{T_2} = \dfrac{1}{0.7(R_1+R_2+2R_3)C_2}$，发出"咚"的音响。同时，$C_3$ 经 R_4 放电，到第 4 脚电位为 0 时电路停振。电容 C_3 上电压由 V_{CC} 下降到低电平 U_L 的时间为 $t = R_4 C_3 \ln \dfrac{V_{CC}}{U_L}$。

（3）元器件清单。双音门铃的元器件清单见表 2.13。

表 2.13 元器件清单

位号	元器件	型号	位号	元器件	型号
R_1	电阻器	RT14-30kΩ	C_3	电容器	CD11-47μF
R_2	电阻器	RT14-22kΩ	C_4	电容器	CD11-47μF
R_3	电阻器	RT14-22kΩ	D_1	二极管	1N4148
R_4	电阻器	RT14-4.7kΩ	D_2	二极管	1N4148
C_1	电容器	独石 0.047μF	S	按钮	复位按钮
C_2	电容器	独石 0.01μF	U_1	555	

2.6 遥控电路的制作

所谓遥控是指对被控对象进行远距离操纵以实现预定的意图。遥控技术可以使操作者对工作在恶劣环境下的被操作对象进行安全操作，也可以对人无法直接操纵的对象进行操作，同时遥控技术也广泛使用在各种家用电器中，大大方便了使用者。

由于遥控电路用途广泛，器件丰富易得，十分适合大学生进行课外制作和科普活动。

2.6.1 遥控系统的基本组成

一个遥控系统，一般包括下面几个环节：指令输入、指令生成、指令发送、指令传输、指令接收、指令解释和指令执行等。

1. 遥控指令的输入

遥控指令的输入一般由按键、按钮或键盘等构成。通过该环节把预先定义的命令输入到有关电路中。

2. 遥控指令的生成

该电路是将输入的指令变换成系统能够识别的命令,从而实现对被控对象的操作。这些指令都是以电信号的形式出现的,通常有两类:模拟信号和数字脉冲信号。

3. 遥控指令的发送

该环节是将遥控指令以一定的载体发射出去,如最常见的电视遥控就是通过红外发射管将遥控指令以红外线的形式发送出去。

4. 遥控指令的传输

该环节是将遥控指令传输到接收端,通常可分为有线遥控和无线遥控两大类。其中又以无线遥控更多见。

5. 遥控指令的接收

该环节是接收发送端传来的遥控命令并进行信号的变换、放大和去除干扰等处理。

6. 遥控指令的解释

该电路是遥控指令生成电路的相反过程。主要是判断对被控对象进行怎样的操作或要求被控对象完成怎样的功能。

7. 遥控的执行

该电路是整个遥控系统的终端,是遥控功能的最终完成者。

遥控电路形式多样,目前最常用的有音频遥控、超声波遥控、射频遥控和红外遥控等四大类,本书以红外遥控为例介绍遥控电路的工作原理及其应用。

2.6.2 红外遥控原理

红外遥控是以红外线为载体来传送遥控指令的。红外线的波长界于红光和微波之间,通常认为 0.77~3μm 为近红外区,3~30μm 为中红外区,30~1000μm 为远红外区。红外线在通过云雾尘埃等充满悬浮粒子的空间时不易发生散射,有较强的穿透能力,还具有不易受干扰、易于产生等优点,因而广泛应用于遥控距离不太远、视线无遮挡的场合。

1. 红外发射器件及其驱动电路

最常见的红外发射器件是红外发光二极管(IR LED)。目前几种常用 IR LED 的参数见表 2.14。

表 2.14 几种 IR LED 的参数

型号	发射功率/mW I_F=50mA	峰值波长 /nm	U_F/V I_F=50mA	材料	封装 /mm	特点
5IR880A	9	880	1.45	GaAlAs	透明φ5	高效高功率
5IR880B	12.25	880	1.45	GaAlAs	透明φ5	高效高功率
5IR2	5	940	1.3	GaAs	透明φ5	经济普通型
5IR3	7	940	1.3	GaAs	透明φ5	经济普通型

最常用的红外发光二极管驱动电路是三极管驱动电路,如图 2.18 所示。

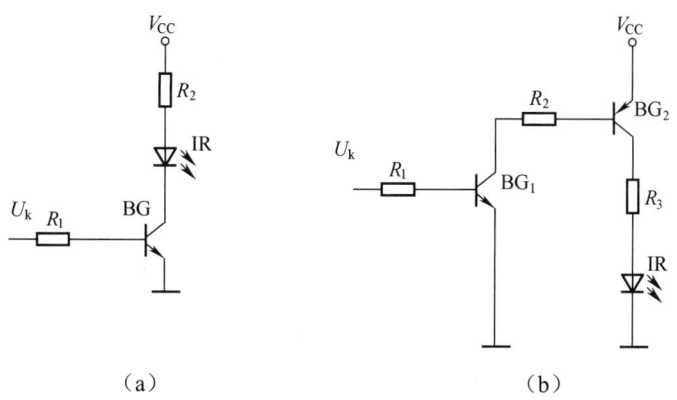

图 2.18 红外发光二极管驱动电路

对于电路(a),限流电阻 R_2 的选取主要是考虑红外发射管的最大正向电流 I_F 和导通压降 U_F。设三极管的饱和压降是 0.3V,则

$$R_2 = (V_{CC} - U_F - 0.3)/I_C$$

此处,I_C 为三极管的集电极电流,可取为 $(1 \sim 2)I_F$。R_1 的选取则应考虑三极管在基极为高电平时能进入饱和状态,即

$$(U_K - U_{BE})/R_1 > I_C/\beta$$

图(b)是一个由 PNP 管和 NPN 管组成的复合驱动电路,其特点是只要一个较小的电流就可以驱动三极管,而且电阻 R_1、R_2 的选取比较随意,一般 R_1 取 2~10kΩ,R_2 取 1~2kΩ 即可。

2. 红外接收器件

红外接收器件是一种光敏器件,其作用是将所接收的光信号转变成电信号。最常见的红外接收器件是光敏二极管。表 2.15 是几种常用的光敏二极管的主要参数。

表 2.15 几种常用的光敏二极管的主要参数

型号	响应光谱 /nm	光电流 /μA	暗电流 /nA	反压 U_R /V	封装 /mm
2CU33IR	700~1100	>50	<5	>30	7×7.6,黑色
2CU35IR	700~1100	>25	<5	>30	5×7.6,黑色
2CU50IR	700~1100	>10	<10	>30	φ5,黑色,凸镜

红外接收器件所接收的信号一般都很微弱,需进行放大。根据遥控距离的不同有多种电路形式可供选择。图 2.19 是两种常见的放大电路。

对于图 2.19(a)来说,R 的选取很重要。一般选 50kΩ 左右,可以较好地满足暗电流时三极管截止,光电流时三极管饱和的要求。

对于图 2.19(b)来说,主要优点是电路的放大倍数更大,灵敏度比图 2.19(a)高。

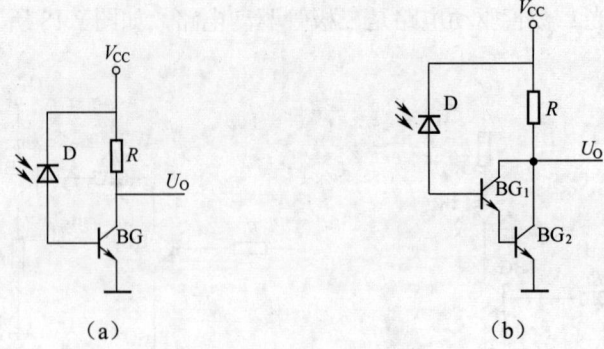

图 2.19　红外接收放大电路

3. 红外遥控信号的调制与解调

红外脉冲信号的波形如图 2.20 所示。其特点是在 $t_1 \sim t_2$、$t_3 \sim t_4$ 时间有脉冲发生且频率较高，其余时间没有红外光发生。形如图 2.20 的信号称为已调制信号。采用调制信号传输遥控指令的优点是发射功率大，抗干扰能力强。在已调制信号中，信号的包络称为调制信号，其波形反映了遥控指令的具体内容，高频脉冲称为载波，是遥控指令的载体。

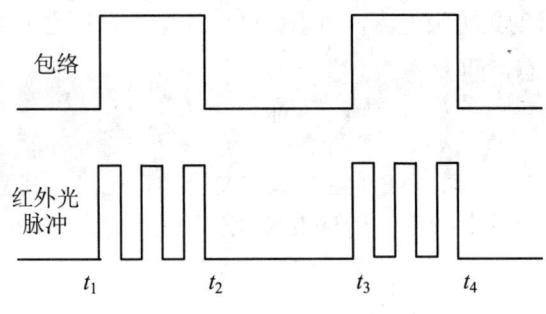

图 2.20　实用红外遥控信号波形

图 2.21 是两种常见的红外调制发射电路。

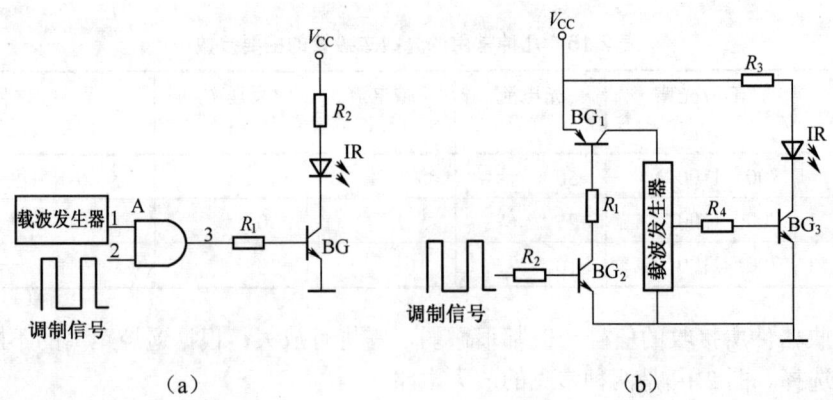

图 2.21　红外调制发射电路

图 2.21（a）是一种常见的调制电路，这里与门实际上是一个电子开关。当调制信号为高电平时，载波通过与门驱动三极管，使红外发射管 IR 发出与载波同频的红外光。当调制信号

为低电平时，三极管截止，IR 无输出。

图 2.21（b）是另一种常见的调制电路，其原理是利用调制信号控制载波发生器的振荡与否。当调制信号为高电平时，BG_2 导通，进而 BG_1 饱和导通，载波发生器获得工作电压，产生振荡并驱动 BG_3，使 IR 发出与载波同频的红外光。当调制信号为低电平时，BG_2 截止，同时 BG_1 也截止，载波发生器不振荡，IR 无输出。

解调电路的作用是从已调信号中取出调制信号，即信号的包络成分。目前常用的解调电路有专用集成电路 CX20106 和微型红外接收头。两者都具有接收、放大和解调的功能。其中微型红外接收头（外形如图 2.22 所示）因其价格低廉、使用方便而备受欢迎。

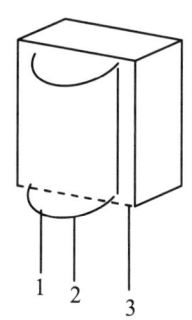

图 2.22　微型红外接收头

引脚定义为：1-地；2-电源（4.7～5.3V）；3-信号输出

微型红外接收头可以完成从接收、放大、选频到输出的全过程，可接收的脉冲红外调制信号的载频有 32.75kHz、36.7kHz、38kHz、40kHz 四种。当发射器的载频偏离中心频率 1kHz 时，灵敏度有较大下降。

2.6.3　简单红外遥控装置的制作

图 2.23 是一个最简单的脉冲红外发射电路。

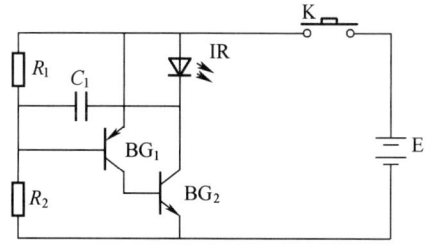

图 2.23　脉冲红外发射电路

BG_1、BG_2、R_1、R_2、C_1 和红外发射管 IR 组成了振荡电路，BG_2 同时也是红外发射管的驱动管，振荡频率由 R_1、R_2 和 C_1 决定，可以微调 R_2 的值，使振荡频率约为 38kHz（用示波器测试）。当开关 K 闭合，电路振荡，产生约为 38kHz 的脉冲红外光。发射电路的元件参数见表 2.16。

表 2.16　红外发射电路元器件一览表

元器件	型号及参数	元器件	型号及参数
R_1	RT14-1/4W-2.2kΩ	IR	5IR2 或 SE303
R_2	RT14-1/4W-8.2kΩ	BG_1	9012
C_1	CT1-63V-0.01μF	BG_2	9013

图 2.24 是红外接收电路。其中 Receiver 为红外接收头，CD4013 是一个双 D 触发器。关于 CD4013 的引脚可见附录。

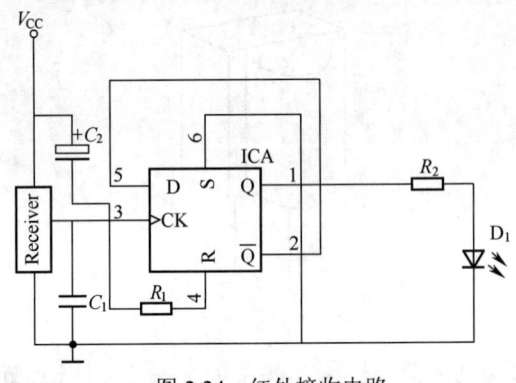

图 2.24　红外接收电路

在接收电路通电的瞬间，由于 S 端为低，R 为高，故输出端 Q 为低，发光二极管 D_1 不亮。当红外接收头接收到发射端的红外脉冲信号后，输出端由高电平变成低电平，D 触发器翻转。Q 变成高电平，D_1 发光。表 2.17 是红外接收电路的元器件及其参数。

表 2.17　红外接收电路元器件清单

元器件	型号及参数	元器件	型号及参数
R_1	RT14-1/4W-1kΩ	IC	CD4013
R_2	RT14-1/4W-470Ω	D_1	发光二极管
C_1	CT1-63V-4700pF	Receiver	红外接收头
C_2	CD11-16V-22μF		

第 3 章 较复杂系统的设计与制作

3.1 以 MCS-51 系列单片机为核心的数字式转速表的设计与制作

数字式转速表是一种比较常见的检测仪表。根据前端的检测元件不同，可构成不同形式的转速表，如用霍尔元件可构成有线数字式转速表，用反射式红外元件可构成非接触数字式转速表。

转速的测量目前多采用"测周法"，即在旋转机构上每旋转一周产生 M 个脉冲，通过单片机的内部计数器 T_0 对脉冲进行计数，同时用 T_1 进行定时。若 T_0 计数器的计数为 N，T_1 定时时间为 1s，则转速 S 为：

$$S = 60 \times N/M \text{（rpm）}$$

根据以上分析可知，采用单片机进行数字式转速表的设计需要进行以下工作：
（1）定时检测脉冲数。
（2）将定时检测到的脉冲数转换成每分钟的脉冲数。
（3）将转换好的脉冲数显示出来（数显装置可采用数码管或液晶显示器）。

由于一般转速表检测的是电动机转速，转速的范围通常在 0～9999rpm 以内，因此数显装置需四位显示。

3.1.1 设计与制作任务

设计并制作一个电动机转速表，采用数码管显示，最大显示范围为 9999rpm，具有检测与停止检测功能。

3.1.2 转速表的硬件电路设计

AT89C2051 是一种非总线型、高性能、低价格的单片机，引脚和指令系统与 8031 单片机完全兼容，而且片内有 2K 字节的 Flash 存储器。除没有 P_0 口、P_2 口之外，具有 8031 所有的功能和结构。1 片 AT89C2051 相当于 8031、74LS373 及存储器 2716 组成的最小系统，而其引脚只有 20 个。所以在测量任务单一的应用中，AT89C2051 完全可以替代 8031 单片机，因此用它作为转速表的核心器件，具有电路简单、系统可靠、体积小和成本低等优点。引脚如图 3.1 所示。

显示电路采用动态扫描方式。由于本系统主要任务是采集脉冲并进行显示，因此系统没有别的工作任务，故采用动态扫描以减少硬件。P3.7 口接自锁式按钮进行开始检测和停止检测转换。外部脉冲量输入接 P3.2（T_0）。采用反射式光电耦合器，用 LM339 接成电压比较器（不接触数字式转速表检测时，需在旋转装置上贴上与设备反差较大的一块反射块）并调整比较电压值。如用霍尔元件构成，有线数字式转速表，则可直接接入。图 3.2 是该电路的原理图。表 3.1 是该电路的材料清单。

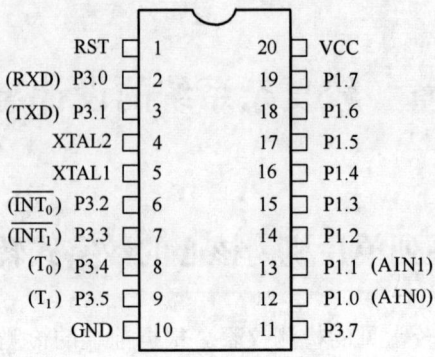

图 3.1　89C2051 引脚图

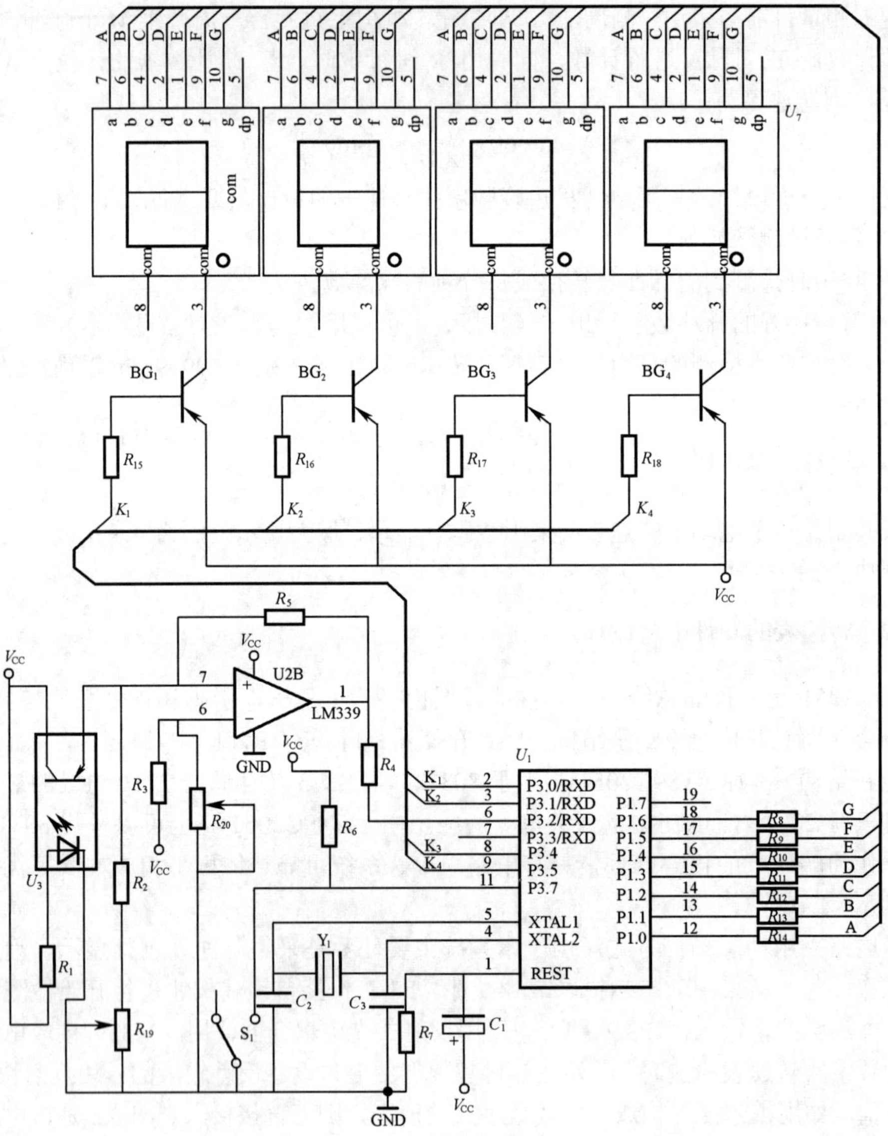

图 3.2　转速表原理图

表 3.1 转速表元器件清单

位号	型号及参数	位号	型号及参数	位号	型号及参数
R_1	RT14-390Ω	R_2	RT14-390Ω	R_3	RT14-470Ω
R_4	RT14-10kΩ	R_5	RT14-470Ω	R_6	RT14-10kΩ
R_7	RT14-10kΩ	R_8	RT14-360Ω	R_9	RT14-360Ω
R_{10}	RT14-360Ω	R_{11}	RT14-360Ω	R_{12}	RT14-360Ω
R_{13}	RT14-360Ω	R_{14}	RT14-360Ω	R_{15}	RT14-4.7kΩ
R_{16}	RT14-4.7kΩ	R_{17}	RT14-4.7kΩ	R_{18}	RT14-4.7kΩ
R_{19}	3362-10 kΩ	R_{20}	3362-10 kΩ	C_1	CD11-16V-10μF
C_2	CC1-30P	C_3	CC1-30P	BG_1	9012
BG_2	9012	BG_3	9012	BG_4	9012
U_1	89C2051（含插座）	U_2	LM339	U_3	光耦
U_4	4105 数码管	U_5	4105 数码管	U_6	4105 数码管
U_7	4105 数码管	Y_1	6M 晶体		两芯插座（电源）
	三芯插座（光耦）		三芯插头（光耦）		

3.1.3 系统设计流程图及源程序

1. 主程序流程图（图 3.3）

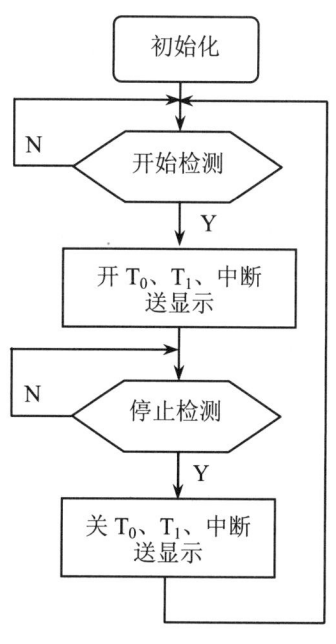

T_0 计数器记录外部脉冲数，T_1 定时器设置为 100ms。

显示单元、标准位清零，设置中断等。

开始检测后开 T_0、T_1，定时时间到转中断子程序，停止检测后关 T_0、T_1，显示稳定的转速。

停止检测后关 T_0、T_1，回到开始检测。

图 3.3 主程序流程图

2. 中断服务子程序（图3.4）

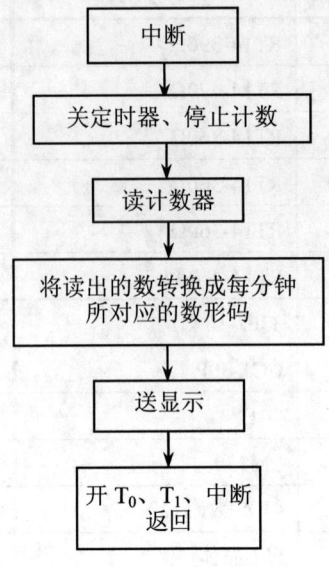

图 3.4 中断服务子程序

系统使用资源如下：
- T_0 设置成方式一，计数状态。
- T_1 设置成方式一，定时状态。

3. 程序清单

```
            ORG    0000H
            LJMP   MAIN
            ORG    000BH
            RETI
            ORG    001BH
            LJMP   K1
            ORG    0030H
MAIN:       MOV    TMOD, #15H      ;T1方式1、定时器T0方式1、计数器
            MOV    TH0,  #00H
            MOV    TL0,  #00H
            MOV    TH1,  #3CH      ;晶振6Hz, 100ms
            MOV    TL1,  #0B0H
            MOV    IE,   #0AH
            SETB   TR0
            SETB   TR1
            SETB   EA
            MOV    70H,  #01H      ;显示单元清零
            MOV    71H,  #02H
            MOV    72H,  #03H
```

```
              MOV     73H,   #04H
              CLR     00H                    ;标准位清零
              CLR     01H
…主程序…
MAIN1:        JNB     P3.7,  J1              ;开始检测键检测
              ACALL   DISPLAY
J1:           JNB     P3.7,  JJ1
              AJMP    MAIN1
JJ1:          CLR     EA
              CLR     TR0
              CLR     TR1
JJ2:          JB      P3.7,  J3              ;停止检测键检测
              ACALL   DISPLAY
J3:           JB      P3.7,  JJ3
              AJMP    JJ2
JJ3:          MOV     TH0,   #00H
              MOV     TL0,   #00H
              MOV     TH1,   #3CH            ;100ms
              MOV     TL1,   #0B0H
              SETB    TR0
              SETB    TR1
              SETB    EA
              MOV     70H,   #00H
              MOV     71H,   #00H
              MOV     72H,   #00H
              MOV     73H,   #00H
AJMP    MAIN1
…定时器中断程序…
K1:           CLR     TR1
              CLR     ET1
              JB      00H,   K3
              SETB    00H
              MOV     R0,    #0AH
K3:           DJNZ    R0,K2
              CLR     00H
              CLR     EA
              CLR     TR0
              MOV     R6,    TH0
              MOV     R7,    TL0
              MOV     R3,    #3BH
              ACALL   MULD
              ACALL   DISPLAY
```

```
            ACALL   HB2
            MOV     TH0, #00H
            MOV     TL0, #00H
            SETB    TR0
    K2:     MOV     TH1, #3CH       ;100ms
            MOV     TL1, #0B0H
            SETB    ET1
            SETB    TR1
            SETB    EA
            RETI
```

…双字节乘法　将计数器值转换成每分钟转速…
…计算 R3 乘 R7　被乘数在 R3 中，乘数在 R6、R7 中，乘积在 R4、R5 中…

```
    MULD:   MOV     A, R3
            MOV     B, R7
            MUL     AB
            MOV     R4, B           ;暂存部分积
            MOV     R5, A
            MOV     A, R3           ;计算 R3 乘 R6
            MOV     B, R6
            MUL     AB
            ADD     A, R4           ;累加部分积
            MOV     R4, A
            ACALL   DISPLAY
            MOV     A, R5
            MOV     R7, A
            MOV     A, R4
            MOV     R6, A
            RET
```

…双字节十六进制整数转换成双字节 BCD 码整数…
…BCD 码初始化，待转换的双字节十六进制整数在 R6、R7 中，转换后的三字节 BCD 码整数在 R3、R4、R5 中…

```
    HB2:    CLR     A
            MOV     R3, A
            MOV     R4, A
            MOV     R5, A
            MOV     R2, #10H        ;转换双字节十六进制整数
    HB3:    MOV     A, R7           ;从高端移出待转换数的一位到 CY 中
            RLC     A
            MOV     R7, A
            MOV     A, R6
            RLC     A
            MOV     R6, A
```

```
        MOV     A,R5              ;BCD 码带进位自身相加，相当于乘2
        ADDC    A,R5
        DA      A                 ;十进制调整
        MOV     R5,A
        MOV     A,R4
        ADDC    A,R4
        DA      A
        MOV     R4,A
        MOV     A,R3
        ADDC    A,R3
        MOV     R3,A              ;双字节十六进制数的万位数不超过6，不用调整
        ACALL   DISPLAY
        DJNZ    R2,HB3            ;处理完 16bit
        MOV     73H, R5
        ANL     73H, #0FH
        MOV     A,  R5
        SWAP    A
        ANL     A,  #0FH
        MOV     72H, A
        MOV     71H, R4
        ANL     71H, #0FH
        MOV     A,  R4
        SWAP    A
        ANL     A,  #0FH
        MOV     70H, A
        RET
        …显示程序…
DISPLAY: CLR    P3.5
        MOV     A,70H
        MOV     DPTR,#TAB
        MOVC    A,@A+DPTR
        MOV     P1,A
        LCALL   DL1MS
        SETB    P3.5
        MOV     P1,#0FFH
        CLR     P3.2
        MOV     A,71H
        MOV     DPTR,#TAB
        MOVC    A,@A+DPTR
        MOV     P1,A
        LCALL   DL1MS
        SETB    P3.2
```

```
            MOV     P1,#0FFH
            CLR     P3.1
            MOV     A,72H
            MOV     DPTR,#TAB
            MOVC    A,@A+DPTR
            MOV     P1,A
            LCALL   DL1MS
            SETB    P3.1
            MOV     P1,#0FFH
            CLR     P3.0
            MOV     A,73H
            MOV     DPTR,#TAB
            MOVC    A,@A+DPTR
            MOV     P1,A
            LCALL   DL1MS
            SETB    P3.0
            MOV     P1,#0FFH
            RET
TAB:        DB C0H,F9H,A4H,B0H,99H,92H,82H,F8H,80H,90H,     ;共阳极数型码
…延时程序…
DL1MS:      MOV 50H,#02H
DL1:        MOV 51H,#0FFH
DL2:        DJNZ 51H,DL2
            DJNZ 50H,DL1
            RET
            END
```

3.1.4 电路制作与调试

根据原理图，用 Altium Designer 进行 PCB 板设计并完成制作，注意如下事项：

（1）如果没有双面板制作设备，应采用单面布线。

（2）材料清单中的两芯插座为电源插座，一定要根据电池盒插头确定插座的正负极，布线前根据插座的方向予以确认。

（3）采用反射式光电耦合器，通过导线连接到线路板的三芯插座，布线时一定要注意导线排列的顺序。可以先设计 PCB，再根据插座的排列作光耦导线的插头。

（4）由于本电路没有安装下载接口，单片机采用插座的方式，先用烧片机下载程序，再将芯片插到插座上。

（5）在电机转盘上贴一个与转盘颜色差异较大的纸片。

（6）接通电源，测量时将光耦靠近纸片距离约 1cm，调节 R_{19}、R_{20}，直至数码管出现正常且比较稳定的显示。

3.2 风板控制装置的设计与制作

随着自动控制系统在各个领域的应用越来越广泛,智能化已是现代控制系统发展的主流方向,在传感技术、交通、电力和航天等行业,角度测量和角度控制的应用越来越广泛。

3.2.1 设计与制作的任务

设计并制作一个风板控制装置。该装置能通过控制风机的风量来控制风板空载及负重时完成规定动作。

(1) 由起点(30°)开始启动装置,控制风板达到预置角度(控制角度在 45°~135°之间设定),过渡过程时间不大于 10s,控制角度误差不大于 5°,在预置角度上的稳定停留时间为 5s,误差不大于 1s。动作完成后风板平稳停留在终点(150°)位置上。

(2) 在 45°~135°范围内预置两个角度值($\phi 1$ 和$\phi 2$)。由终点开始启动装置,在 10s 内控制风板到达第一个预置角度上;然后到达第二个预置角度在两个预置角度之间做 3 次摆动,摆动周期不大于 5s,摆动幅角误差不大于 5°,动作完成后风板平稳停留在起点位置上。

(3) 显示风板设置的控制角度。风板从一个状态转变到另一个状态时应有明显的声光提示。

3.2.2 系统设计

1. 系统总体方案设计

风板控制系统的示意图如图 3.5 所示。风板两边各有一个直流风机,风板在中间位置,底端用碳素管固定在光滑的轴承上,轴承一端安装高精度角度传感器。直流风机出风口处做一个斜坡作为风道,保证风力均匀流向风板,顺风板向上吹。单片机采集精密角度传感器 WDD35D-4 测量的风板角度,通过增量式 PID 算法闭环调节 PWM 的占空比,调节直流风机的转速来维持风板的稳定。

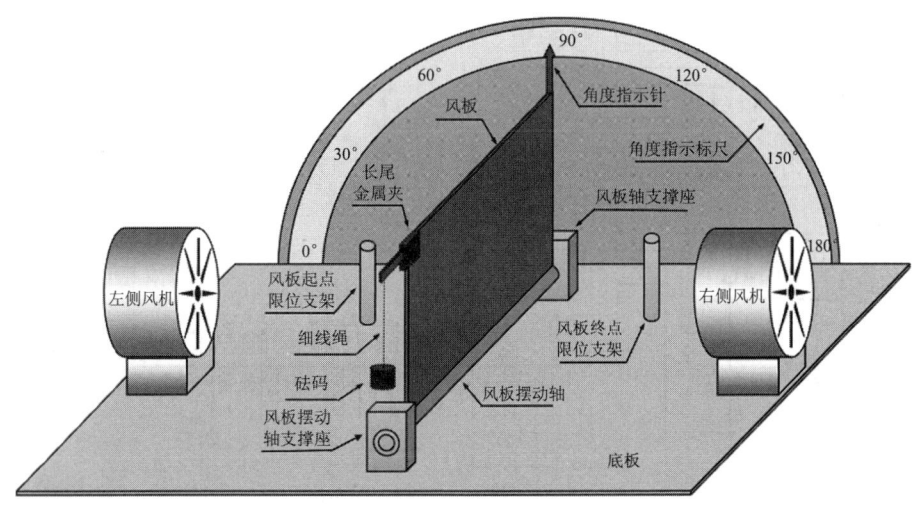

图 3.5 风板控制系统示意图

系统包括供电系统、MKL26Z256VLL4 微处理器、角度测量、风机控制电路、按键、显示及声光提示电路，总体设计方案如图 3.6 所示。

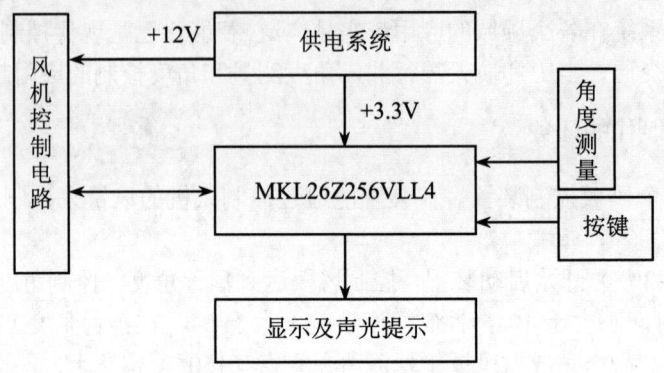

图 3.6　系统总体设计方案

2. 硬件电路设计

（1）微处理器最小系统设计。系统采用飞思卡尔公司 32 位的 MKL26Z256VLL4 作为核心控制芯片。该单片机自带 10 通道 12 位 ADC，具有 256K 的 Flash、32K 的 RAM、80 个 I/O 口，可采用 DMA 触发采集，无需 CPU 干预，其主频可达 50MHz，超频可以达 100MHz，速度快，稳定性强。MKL26Z256VLL4 最小系统电路如图 3.7 所示。

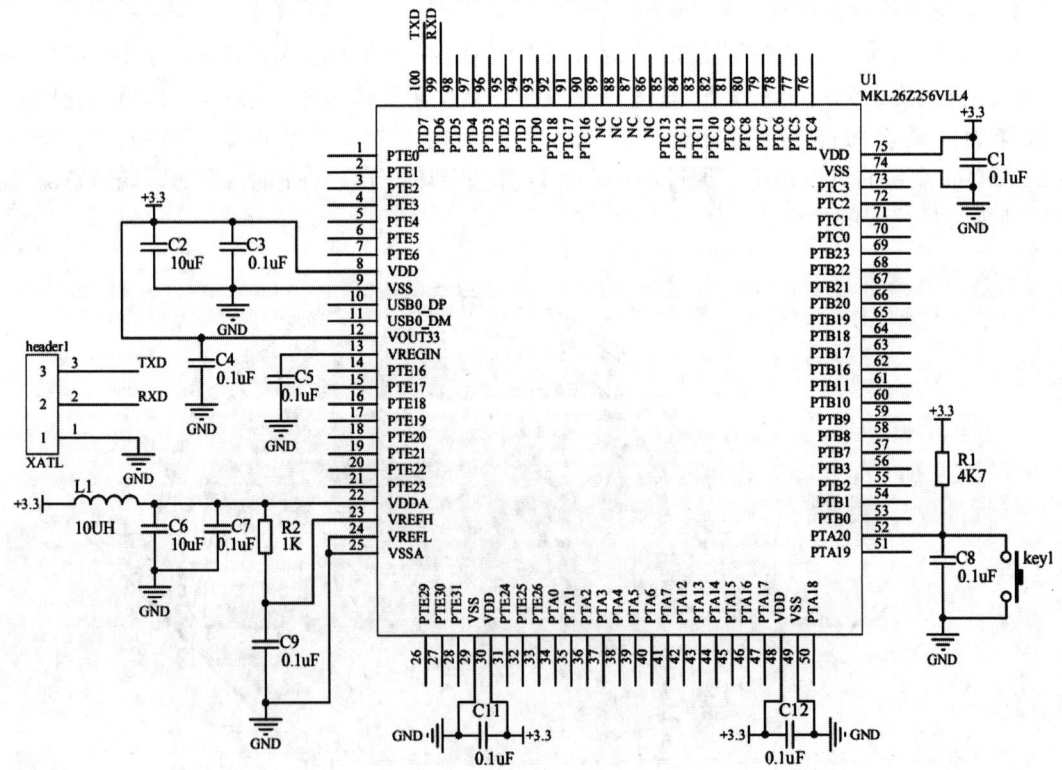

图 3.7　MKL26Z256VLL4 最小系统

（2）供电系统设计。系统需要为直流风机和单片机提供稳定的直流电压。系统选择额定功率为 21.6W/12V 的直流风机，所以制作的稳压电源电路要保证输出功率大于等于 43.2W，并且系统的直流风机需要不停地调速，对电路的电压调整率和负载调整率都有很高的要求，一般使用开关频率较高的开关电源，因此选用 12V、100W 开关电源为风机供电。MKL26Z256VLL4 单片机正常工作电压为 3.3V，将 12V 开关电源经 L5972D 降压至 3.3V 后为单片机供电，单片机的电源电路如图 3.8 所示。

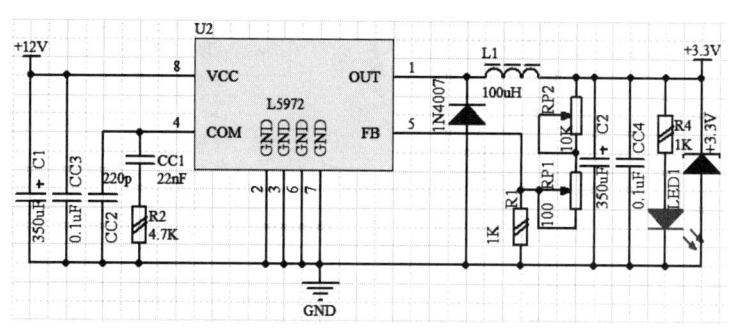

图 3.8　单片机电源电路

（3）风机驱动电路设计。系统有两个直流风机，总功率为 43.2W，所以采用 4 片 BTN7971B 构成 H 桥控制两个直流风机。BTN7971B 驱动使用简单，只需要向芯片第 2 引脚输入 PWM 脉冲信号就能控制调速。驱动电路如图 3.9 所示。

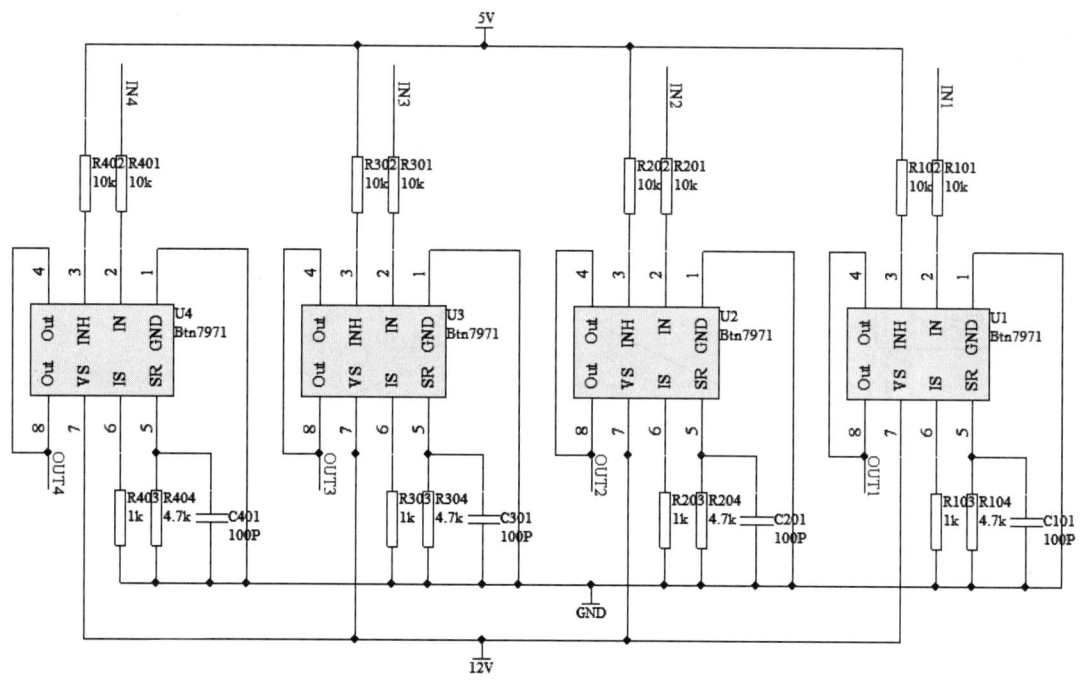

图 3.9　驱动电路

3. 系统软件设计

系统开机后，进行初始化操作，开启定时中断；通过按键进行模式设置，选择工作模式；

AD 采集角度传感器的值，根据工作模式，在工作模式 1 或工作模式 2 的情况下，根据当前 AD 所测角度与预置角度偏差，分段设置 PID 参数，应用增量 PID 算法闭环调节控制两电机的 PWM 占空比，使风板快速响应且迅速稳定在预置角度，稳定停留预置时间后，实现落板操作。

软件设计流程图如图 3.10 所示。

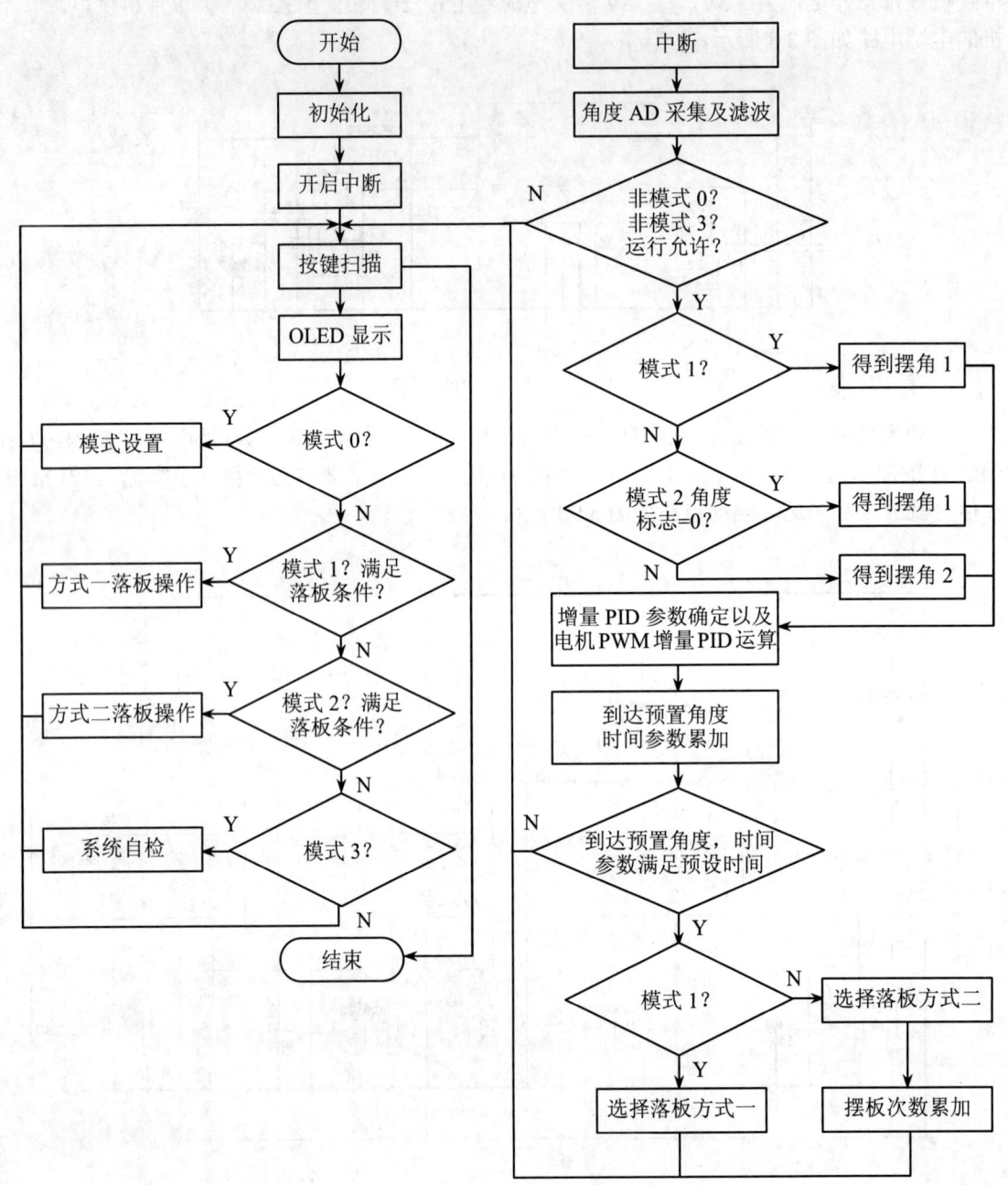

图 3.10　软件设计流程图

3.2.3 系统安装与调试

用实验板分别制作单片机电源电路、风机驱动电路、声光提示电路，在确保各模块工作正常后再进行系统连接。

MKL26Z256VLL4 最小系统的元器件清单见表 3.2。

表 3.2　MKL26Z256VLL4 最小系统的元器件清单

位号	型号及参数	位号	型号及参数
U1	MKL26Z256VLL4	C3	CT4-0.1μF
R1	RT14-4.7kΩ	C4	CT4-0.1μF
R2	RT14-1kΩ	C5	CT4-0.1μF
L1	CKL0204-10μH	C6	CT4-10μF
key1	开关按键	C7	CT4-0.1μF
header1	晶振 12MHz	C8	CT4-0.1μF
C1	CT4-0.1μF	C9	CT4-0.1μF
C2	CT4-10μF	C11	CT4-0.1μF
C12	CT4-0.1μF		

单片机电源电路的元器件清单见表 3.3。

表 3.3　单片机电源电路的元器件清单

位号	型号及参数	位号	型号及参数
U2	L5972D	C2	CD11-350μF
R1	RT14-1kΩ	CC1	CC1-22nF
R2	RT14-4.7kΩ	CC2	CC1-220pF
R4	RT14-1kΩ	CC3	CT4-0.1μF
RP1	3362-100Ω	CC4	CT4-0.1μF
RP2	3362-10kΩ	LED1	红光
L1	CKL0204-100μH		1N4007
C1	CD11-350μF		稳压管 3.3V

风机驱动电路的元器件清单见表 3.4。

表 3.4　风机驱动电路的元器件清单

位号	型号及参数	位号	型号及参数
U1	BTN7971H	R103	RT14-1kΩ
U2	BTN7971H	R203	RT14-1kΩ
U3	BTN7971H	R303	RT14-1kΩ
U4	BTN7971H	R403	RT14-1kΩ

位号	型号及参数	位号	型号及参数
R101	RT14-10kΩ	R104	RT14-4.7kΩ
R201	RT14-10kΩ	R204	RT14-4.7kΩ
R301	RT14-10kΩ	R304	RT14-4.7kΩ
R401	RT14-10kΩ	R404	RT14-4.7kΩ
R102	RT14-10kΩ	C101	CC1-100pF
R202	RT14-10kΩ	C201	CC1-100pF
R302	RT14-10kΩ	C301	CC1-100pF
R402	RT14-10kΩ	C401	CC1-100pF

部分程序清单：

```
//===============================================
//    函数名称：void LPTMR_IRQHandler(void)
//    函数功能：LPTM 定时中断
//===============================================
void LPTMR_IRQHandler(void)
{
    if(RUN == 1)//AD 采集允许//电机 PID 允许
    {
        for(int i = 0; i < N; i++)//ADC 采集
        {
            XY_X[i] = adc_once   (AMP1, ADC_12bit);
            DELAY_US(1);
        }
        XAD[XY_Count] = Bubble_sort( N, (float *)XY_X);//采样中位值平均滤波
        ADXY_X = Bubble_sort( 4, (float *)XAD);//采样中位值平均滤波
        XY_Angle_X[XY_Count] = ADXY_X;
        Angle_X = Bubble_sort( 4, (float *)XY_Angle_X);//采样中位值平均滤波
        XY_Count++;
        if(XY_Count == 4)
        {
            XY_Count = 0;
        }
    }
    if((Mode != 0) && (Confirm_RUN == 1) && (Mode != 3))//AD 采集允许//电机 PID 允许
    {
        if(Mode == 1)
        {
            KKK = 120;
            Run_Angle = Angle_SET1;
        }
```

```
else if(Mode == 2)
{
    if(Round == 0)//调整
    {
        KKK = 30;
    }
    else
    {
        KKK = 0;
    }

    if(Mode_SET == 0)
    {
        Run_Angle = Angle_SET1;
    }
    else
    {
        Run_Angle = Angle_SET2;
    }
}
//PID 参数确定
if(ABS(90 - Run_Angle) >= 30)
{
    sPID_l.v_Kp = PID_Count[2][0];
    sPID_l.v_Ki = PID_Count[2][1];
    sPID_l.v_Kd = PID_Count[2][2];

    sPID_r.v_Kp = PID_Count[2][0];
    sPID_r.v_Ki = PID_Count[2][1];
    sPID_r.v_Kd = PID_Count[2][2];
}
else if(ABS(90 - Run_Angle) >= 15)
{
    sPID_l.v_Kp = PID_Count[1][0];
    sPID_l.v_Ki = PID_Count[1][1];
    sPID_l.v_Kd = PID_Count[1][2];

    sPID_r.v_Kp = PID_Count[1][0];
    sPID_r.v_Ki = PID_Count[1][1];
    sPID_r.v_Kd = PID_Count[1][2];
}
else
{
    sPID_l.v_Kp = PID_Count[0][0];
```

```c
        sPID_l.v_Ki = PID_Count[0][1];
        sPID_l.v_Kd = PID_Count[0][2];

        sPID_r.v_Kp = PID_Count[0][0];
        sPID_r.v_Ki = PID_Count[0][1];
        sPID_r.v_Kd = PID_Count[0][2];
    }
    if(Run_Angle > 90)
    {
        //右
        sPID_r.LLast_error = sPID_r.Last_error;              //前前次误差
        sPID_r.Last_error = sPID_r.Pre_error;                //前次误差
        sPID_r.Pre_error = Run_Angle - (uint32)(180 - Angle_X * 360 / 4096);   // 当前误差（目标速度-当前速度）
        ERROR = sPID_r.Pre_error;
        //右
        RPID_control();
        if((uint32)(180 - Angle_X * 360 / 4096) > 140)
        {
            sPID_r.Count_Out -= 50;
        }
        SPEED = 1000 - sPID_r.Count_Out;
        RPWM_OUT(SPEED);
        LPWM_OUT(930);
    }
    else if(Run_Angle <= 90)
    {
        //左
        sPID_l.LLast_error = sPID_l.Last_error;              //前前次误差
        sPID_l.Last_error = sPID_l.Pre_error;                //前次误差
        sPID_l.Pre_error = (uint32)(180 - Angle_X * 360 / 4096) - Run_Angle;   // 当前误差（目标速度-当前速度）
        ERROR = sPID_l.Pre_error;
        //左
        LPID_control();
        if((uint32)(180 - Angle_X * 360 / 4096) < 40)
        {
            sPID_l.Count_Out -= 50;
        }
        SPEED = 975 - sPID_l.Count_Out;
        LPWM_OUT(SPEED);
        RPWM_OUT(905);
    }
```

```
            //模式变换
            if(((int32)ERROR < 6) && ((int32)ERROR > 0 - 6))
            {
                PUT_Count++;
            }
            else
            {
                PUT_Count =0;
            }
            if(PUT_Count >= 5 + KKK)
            {
                PUT_Count = 5 + KKK;
                if(Mode == 1)
                {
                    PUT = 1;
                }
                else if(Mode == 2)
                {
                    PUT = 2;
                    PUT_Change = 0;
                    if(Mode_SET == 0)
                    {
                        Mode_SET = 1;
                        Round++;
                    }
                    else if(Mode_SET == 1)
                    {
                        Mode_SET = 0;
                        Round++;
                    }
                }
            }
            led_turn(LED6);//程序运行标志灯
        }
    LPTMR_Flag_Clear();            //清中断标志位
}
//=================================================================
//    函数名称：void PIT_IRQHandler(void)
//    函数功能：PIT 定时中断
//=================================================================
void PIT_IRQHandler(void)
{
    //PIT0 和 PIT1 共用相同中断号，所以两者都共用相同中断函数，需要根据标志位来判断是由哪个 PIT 触发中断
```

```
        if(PIT_TFLG(PIT0) == 1 )        //判断是否 PIT0 进入中断          //按键区域允许
        {
            if(PUT != 0)//任务2   状态转换
            {
                PUT_Change++;

                if(PUT_Change > 30)
                {
                    led(LED7, LED_ON);                  //LED0 亮
                }
                else if(PUT_Change > 0)
                {
                    led(LED7, LED_OFF);                 //LED0 灭
                }
                if(PUT_Change == 50000)
                {
                    PUT_Change = 0;
                }
            }
            PIT_Flag_Clear(PIT0);       //清中断标志位
        }
        if(PIT_TFLG(PIT1) == 1 )        //判断是否 PIT1 进入中断
        {
            if(RUN == 1)
            {
            }
            PIT_Flag_Clear(PIT1);       //清中断标志位
        }
}
//===============================================================
//    函数名称：void PWM_OUT(int32 L_PWM, int32 R_PWM)
//    函数功能：电机 PWM 输出
//===============================================================
void LPWM_OUT(int32 L_PWM)
{
    if(L_PWM > 1000)//电机限幅
    {
        L_PWM = 1000;
    }
    if(L_PWM < 0)
    {
        L_PWM = 0;
    }
```

```c
        DOWN_START = L_PWM;

        tpm_pwm_duty(MOTOR_TPM, MOTOR2_PWM, L_PWM);//PWM 输出
        tpm_pwm_duty(MOTOR_TPM, MOTOR1_PWM, 0);

        printf("\r\nL_PWM: %d\r\n\r\n\r\n",L_PWM);
    }
    void RPWM_OUT(int32 R_PWM)
    {
        if(R_PWM > 1000)
        {
            R_PWM = 1000;
        }
        if(R_PWM < 0)
        {
            R_PWM = 0;
        }

        DOWN_END = R_PWM;

        tpm_pwm_duty(MOTOR_TPM, MOTOR4_PWM, R_PWM );
        tpm_pwm_duty(MOTOR_TPM, MOTOR3_PWM, 0);

        printf("\r\nR_PWM: %d\r\n",R_PWM);
    }


    //=======================================================
    //     函数名称：void PID_control(void)
    //     函数功能：电机 PID 调速函数
    //=======================================================
    void LPID_control(void)
    {
        float L_error_Kp = 0;
        float L_error_Ki = 0;
        float L_error_Kd = 0;
        L_error_Kd = sPID_l.Pre_error - sPID_l.Last_error;
        L_error_Kp = sPID_l.Pre_error;
        L_error_Ki = (sPID_l.Pre_error - sPID_l.Last_error) - (sPID_l.Last_error - sPID_l.LLast_error);
        sPID_l.Count_Out = sPID_l.Count_Out + (int16)(sPID_l.v_Kp * L_error_Kp + sPID_l.v_Ki * L_error_Ki + sPID_l.v_Kd * L_error_Kd);

        if(sPID_l.Count_Out > 1000)
        {
            sPID_l.Count_Out = 1000;
```

```
            }
            if(sPID_l.Count_Out < 0)
            {
                sPID_l.Count_Out = 0;
            }
        }
        void RPID_control(void)
        {
            float R_error_Kp = 0;
            float R_error_Ki = 0;
            float R_error_Kd = 0;

            R_error_Kd = sPID_r.Pre_error - sPID_r.Last_error;
            R_error_Kp = sPID_r.Pre_error;
            R_error_Ki = (sPID_r.Pre_error - sPID_r.Last_error) - (sPID_r.Last_error - sPID_r.LLast_error);
            sPID_r.Count_Out = sPID_r.Count_Out + (int16)(sPID_r.v_Kp * R_error_Kp + sPID_r.v_Ki *
R_error_Ki + sPID_r.v_Kd * R_error_Kd);

            if(sPID_r.Count_Out > 1000)
            {
                sPID_r.Count_Out = 1000;
            }
            if(sPID_r.Count_Out < 0)
            {
                sPID_r.Count_Out = 0;
            }
        }
```

3.3　多路红外遥控装置的设计与制作

3.3.1　设计与制作的任务及方案选择

设计并制作一个多路遥控装置，实现对常用家用电器的遥控。

由于是家庭使用，一般遥控距离不需很远，而且被控对象均在视线内，因此非常适合使用红外遥控。考虑到产品的通用性和功能的专一性，应采用编、解码遥控方式。另外由于被控对象较多，希望能实现多路遥控，即应有多路数据输出。考虑上述原因，可选择具有编、解码功能的多路红外遥控电路。

图 3.11 是一个 4 路红外遥控装置的红外发射电路，图 3.12 是其接收电路，图 3.13 是接收电路的稳压电源及负载（以灯泡为例）。在这两个电路中，使用了一对专用的遥控编、解码集成电路：PT2262 和 PT2272。

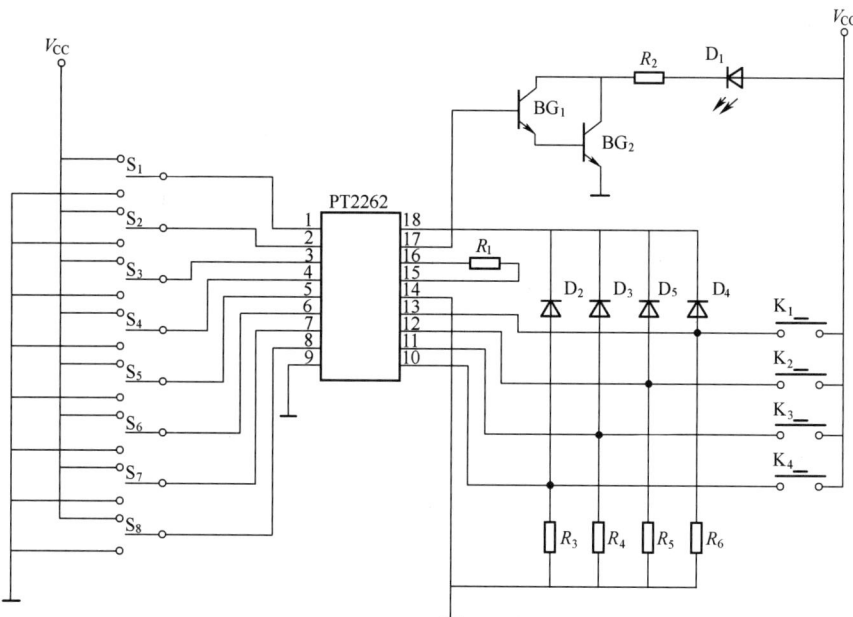

图 3.11　4 路红外遥控发射电路

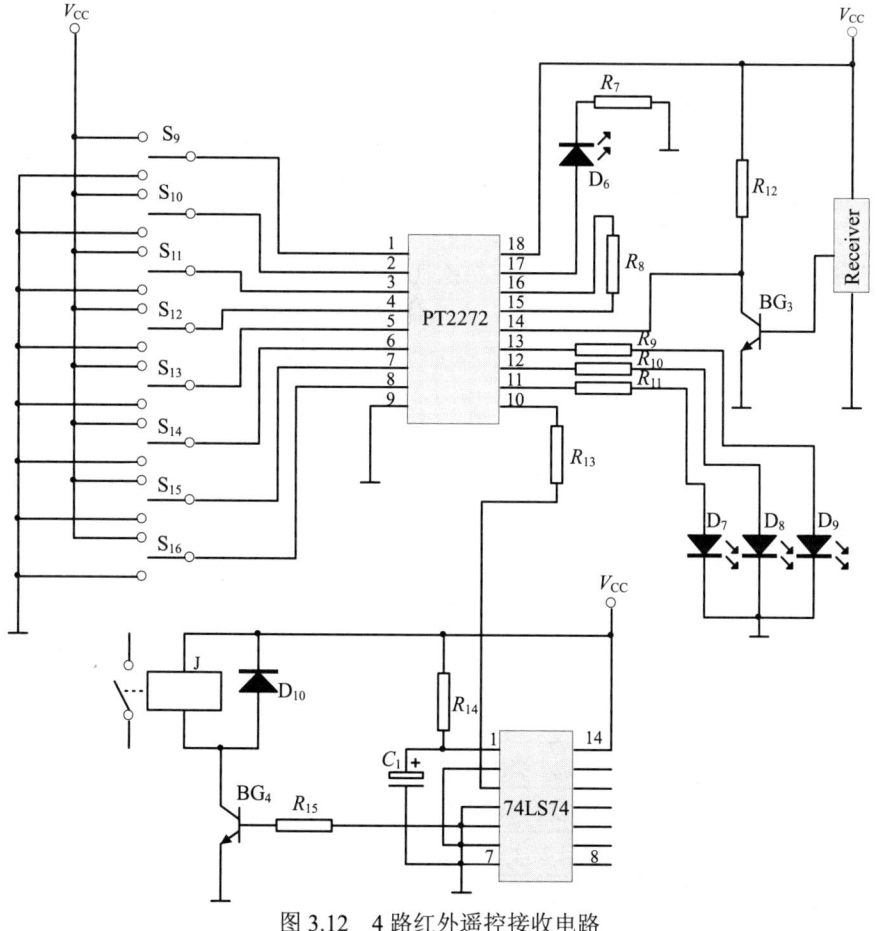

图 3.12　4 路红外遥控接收电路

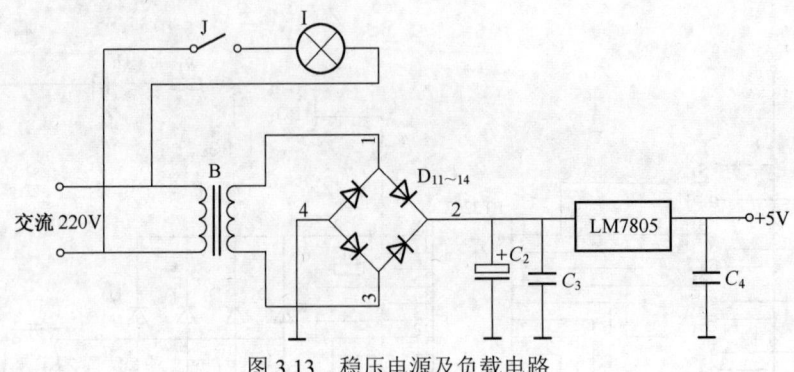

图 3.13 稳压电源及负载电路

从图 3.10 可以看出,本电路可遥控四个不同家电。为方便制作,接收电路只画了一路真实负载,另外三路的负载用 LED 代替。

3.3.2 遥控编、解码集成电路 PT2262 和 PT2272 介绍

PT2262 为遥控编码芯片,其特点是在内部已经把编码信号调制在一个较高的载频上,既可用于射频遥控,也可用于红外遥控。本例是其在红外遥控电路中的一个典型应用。按图 3.11 所接元件,载波频率约为 38kHz。PT2272 是与 PT2262 配对使用的解码芯片。下面首先介绍这两种芯片。

PT2262/2272 是台湾普城公司生产的一种 CMOS 工艺制造的低功耗、低价位通用编、解码电路。PT2262/2272 最多可有 12 位(A_0~A_{11})三态地址端管脚(悬空、接高电平、接低电平),任意组合可提供 531441(=3^{12})个地址码。PT2262 最多可有 6 位(D_0~D_5)数据端管脚,设定的地址码和数据码从 17 脚串行输出,可用于无线遥控发射电路和红外遥控发射电路。编码芯片 PT2262 发出的编码信号由地址码、数据码、同步码组成一个完整的码字。解码芯片 PT2272 接收到信号后,其地址码经过两次比较核对后,VT 脚才输出高电平。与此同时,相应的数据脚也输出高电平。如果发送端一直按住按键,编码芯片也会连续发射。当发射机没有按键按下时,PT2262 不接通电源,其 17 脚为低电平,所以 38kHz 的高频发射电路不工作。当有按键按下时,PT2262 得电工作,其第 17 脚输出经调制的串行数据信号。当 17 脚为高电平期间,38kHz 的高频发射电路起振并发射等幅高频信号;当 17 脚为低电平期间,38kHz 的高频发射电路停止振荡,所以高频发射电路完全受控于 PT2262 的 17 脚输出的数字信号,从而对高频电路完成幅度键控(ASK 调制),相当于调制度为 100%的调幅。

PT2262 管脚说明见表 3.5。

表 3.5 PT2262 管脚说明

名称	管脚	说明
A_0~A_{11}	1~8、10~13	地址管脚,用于进行地址编码,可置为"0""1""f"(悬空)
D_0~D_5	7~8、10~13	数据输入端,有一个为"1"即有编码发出,内部下拉
Vcc	18	电源正端(+)
Vss	9	电源负端(−)
TE	14	编码启动端,用于多数据的编码发射,低电平有效

续表

名称	管脚	说明
OSC_1	16	接振荡电阻，所接电阻的值决定振荡频率
OSC_2	15	
Dout	17	编码输出端（正常时为低电平）

在具体的应用中，外接振荡电阻可根据需要进行适当的调节。阻值越大，振荡频率越低，编码的宽度越大，发码一帧的时间越长。

PT2272管脚说明如表3.6所示。

表3.6 PT2272管脚说明

名称	管脚	说明
$A_0 \sim A_{11}$	1~8、10~13	地址端，用于进行地址编码，可置为"0""1""f"（悬空），但必须与对应的PT2262一致，否则不解码
$D_0 \sim D_5$	7~8、10~13	地址或数据管脚。当作为数据管脚时，只有在地址码与对应的PT2262一致时，与PT2262数据端对应的数据管脚输出高电平，否则输出低电平
Vcc	18	电源正端（+）
Vss	9	电源负端（-）
DIN	14	数据信号输入端，来自接收模块输出端
OSC_1	16	接振荡电阻，所接电阻的值决定振荡频率
OSC_2	15	
VT	17	解码有效确认，输出端（常低）解码有效变成高电平（瞬态）

PT2262每次发射时至少发射4组字码，PT2272只有在连续两次检测到相同的地址码和数据码后，与PT2262为"1"的数据端相对应的数据端及驱动VT端输出高电平。例如，按下图3.11的K_1（D_5为高电平），则图3.12中PT2272的13脚（D_5）和17脚（VT）均输出高电平。

PT2272解码芯片有不同的后缀，表示不同的功能，有$L_4/M_4/L_6/M_6$之分，其中L表示锁存输出。只要成功接收一次，数据端就能一直保持对应的电平状态，即使发射器的按键已松开，直到下次遥控数据发生变化时，数据端的电平才改变。M表示非锁存输出，数据脚输出的电平是瞬时的，而且和发射端是否发射相对应，可以用于类似点动的控制。后缀的6和4表示有几路并行的控制通道。当采用4路并行数据时（PT2272-M4），对应的地址编码应该是8位。如果采用6路的并行数据时，则为6位地址码。对于4路控制，这时编码电路PT2262和解码PT2272的第1~8脚为地址设定脚，有三种状态可供选择：悬空、接正电源、接地三种状态，共有$3^8=6561$种不同地址码，所以地址编码不重复度为6561组。只有发射端PT2262和接收端PT2272的地址编码完全相同，才能配对使用。为了便于使用，可将遥控芯片PT2262和PT2272的八位地址编码端全部悬空，这样用户可以很方便地选择各种编码状态。用户如果想改变地址编码，只要将PT2262和PT2272的1~8脚设置相同即可。例如将发射机的PT2262的第1脚接地、第5脚接正电源，其他引脚悬空，那么接收机的PT2272只要也第1脚接地、第5脚接正电源，其他引脚悬空就能实现配对接收。当两者地址编码完全一致时，接收机对应

的 $D_1\sim D_4$ 端输出约 4V 互锁高电平控制信号,同时 VT 端也输出解码有效高电平信号。用户可将这些信号加一级放大,便可驱动继电器、功率三极管等进行负载遥控开关操纵。

3.3.3 4路红外遥控装置的工作原理

图 3.9 为发射电路。本电路采用 8 位地址编码,共 4 路数据输出。开关 $S_1\sim S_8$ 可设置地址码,每个开关可分别接电源、地和悬空,共有 $3^8=3561$ 种状态。$K_1\sim K_4$ 为 4 路输出的控制按钮,分别控制 4 个不同的被控对象。当按钮按下,对应的数据输入端为高电平,同时电源接通,此时电路产生编码,经集成电路内部的调制电路产生频率约为 38kHz 的 ASK 信号,由 17 脚输出并通过由 BG_3、BG_4 和红外发光二极管 D_2 组成的驱动电路将红外线发射出来。

图 3.10 为接收电路。使用的解码芯片 PT2272 为非锁存形式。为了便于制作,本电路仅仅接了一个负载:灯泡,其余 3 路均用一个发光二极管演示。接收电路采用频率为 38kHz 的微型红外接收头(Receiver)。当接收到发射端发射的载频为 38kHz 的红外信号后,接收头完成放大、解调等过程,输出数字编码信号,经 BG_5 放大后输出至 PT2272 的 14 脚,在集成电路内部进行对码。当接收电路的地址编码(通过设置 $S_9\sim S_{16}$ 的位置实现)与发射电路地址码一致时,17 脚电位由低变高,发光二极管 D_7 亮,表明对码成功。9~13 脚为数据输出端。当发射端的 $K_1\sim K_4$ 中任一按钮按下(即 PT2262 的 10~13 脚中某一脚为高电平时),PT2272 的 10~13 对应脚也为高电平,其余引脚为低电平,此高电平可用于驱动负载。本电路中,第 10 脚驱动集成电路 74LS74,进而控制继电器 J。相应地,该负载受发射器的 K4 按钮控制。

74LS74 是一个双 D 触发器,具体引脚见附录。R_{14} 和 C_1 的作用是保证上电后,输出端 Q 为低电平,三极管 BG_4 截止,继电器不吸合,灯不亮。当发射器的 K_4 按钮按下,接收端 PT2272 的第 10 脚由低电平跳变到高电平,此上升沿触发 D 触发器,使 Q 端变为高电平,三极管 BG_4 导通,继电器吸合,灯亮。当再次按下 K_4 时,触发器再次翻转,三极管截止,继电器不吸合,灯灭。D_{10} 用于吸收继电器在动作的瞬间产生的很高的感应电动势,保护三极管 BG_4。

图 3.11 是接收电路的电源部分和负载。该电源采用了一个三端稳压块 LM7805。

为便于携带,本电路的发射部分采用电池供电。

3.3.4 四路红外遥控电路的制作与调试

表 3.7 是该电路的材料清单。

表 3.7 4 路红外遥控电路清单

位号	型号及参数	位号	型号及参数	位号	型号及参数
R_1	RT14-470kΩ	R_2	RT14-5.1Ω	R_3	RT14-3kΩ
R_4	RT14-3kΩ	R_5	RT14-3kΩ	R_6	RT14-3kΩ
R_7	RT14-300Ω	R_8	RT14-1MΩ	R_9	RT14-300Ω
R_{10}	RT14-300Ω	R_{11}	RT14-300Ω	R_{12}	RT14-10kΩ
R_{13}	RT14-1.5kΩ	R_{14}	RT14-33kΩ	R_{15}	RT14-10kΩ
C_1	CD11-100μF	C_2	CD11-470μF	C_3	CL11-0.33μF
C_4	CL11-0.1μF	D_1	SE303	D_2	1N4148
D_3	1N4148	D_4	1N4148	D_5	1N4148

续表

位号	型号及参数	位号	型号及参数	位号	型号及参数
D_6	LED	D_7	LED	D_8	LED
D_9	LED	D_{10}	1N4007	D_{11}	1N4007
D_{12}	1N4007	D_{13}	1N4007	D_{14}	1N4007
BG_1	S9014	BG_2	S9014	BG_3	S9014
BG_4	S9014	K_1	按钮	K_2	按钮
K_3	按钮	K_4	按钮	J	5V 继电器
B	6V 变压器	Receiver	红外接收头		

根据电路原理图，用 Altium Designer 进行 PCB 板设计。由于电路不太复杂，建议采用手工单面布线。布线时注意下列事项：

（1）继电器、变压器、红外接收头等器件的尺寸要先测量后再安排引脚插孔。

（2）220V 电源部分涉及的电路（即强电部分）尽量安排在一起并且在线路板的边缘，与其他电路（即弱电部分）应有一定距离以保证调试时的人身安全。如有可能应将强电部分绝缘。

（3）电路原理图中的 $S_1 \sim S_{16}$ 可用焊盘代替，布线时将焊盘安排在地址引脚两侧，一侧接电源，另一侧接地。用焊锡搭焊的方法实现地址编码，使用非常灵活。

本电路一般无需调整，只要电路制作正确就可工作。如工作不正常，可按如图 3.14 所示思路检查。

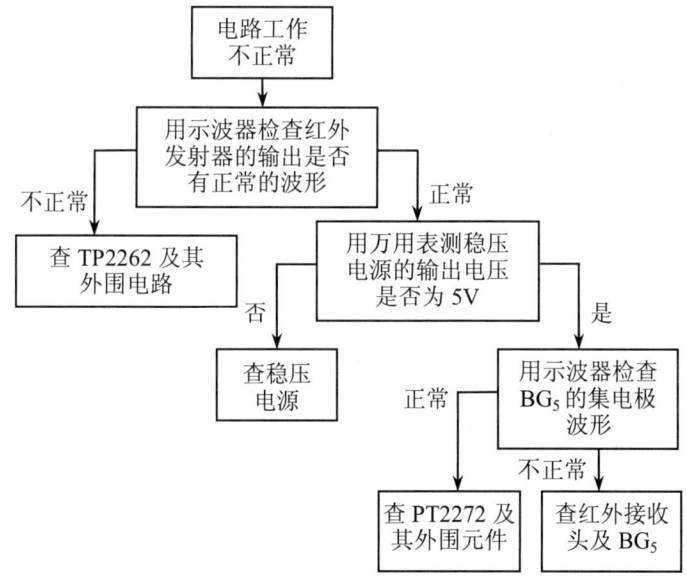

图 3.14 核查思路

3.4 数字钟的设计与制作

数字钟电路是常用的功能电路，实现的方法有多种，有用单片机、CPLD 做的，也有各种多功能专用数字钟集成电路产品。我们采用数字电路的方法实现一个简易数字钟,能对分、时进行校正,目的是通过数字钟电路的制作,将数字电路的基础知识贯穿起来,进一步巩固所学的有关数字电路的基本理论、基本分析和设计方法,能够熟练地查找相关学习资料和运用集成芯片。

数字钟电路的组成框图如图 3.15 所示,一般由秒脉冲信号发生器、秒计数显示电路、分计数显示电路、时计数显示电路以及分、时校正电路这五部分组成。

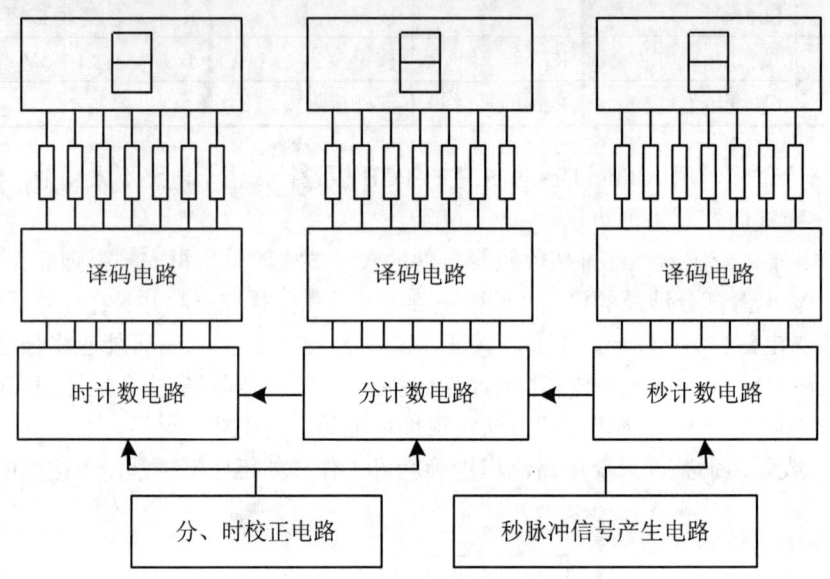

图 3.15　数字钟电路的组成框图

3.4.1　设计与制作任务

用数字逻辑芯片设计一个数字钟,具有较高精度,具有时间校正功能。

3.4.2　秒脉冲信号发生器的制作与调试

秒脉冲信号发生器由 16MHz 石英晶体振荡器、74LS04、74LS74、74LS390 等元件组成,电路如图 3.16 所示。16MHz 晶振、反相器 74LS04、电容 C_1、电阻 R_1、R_2 构成多谐振荡器,振荡频率为石英晶体固有振荡频率,C_1 为耦合电容,R_1 和 R_2 用以使反相器工作在电压传输特性的转折区,振荡输出信号经两级反相驱动输出。石英晶体振荡器构成的频率源具有频率稳定度高、准确度高的优点。74LS74、74LS390 等元件构成分频电路,用以对 16MHz 进行分频。两片 74LS74 构成 16 分频电路、3 片 74LS390 构成 10^6 分频器,最后产生 1Hz 的脉冲信号,作为秒时钟脉冲使用。

74LS74 是双维持阻塞 D 触发器,其管脚排列如图 3.17 所示,其中 $\overline{R_D}$、$\overline{S_D}$ 为异步置 0 置 1 端,低电平有效。表 3.8 为其功能表。

74LS390 是双二—五—十进制计数器。图 3.18 所示为 74LS390 的管脚排列图,其中 CLR 端为其异步清零端,高电平有效;$\overline{CP_0}$、$\overline{CP_1}$ 为其两个时钟输入端,下降沿触发。表 3.9 为其功能表。

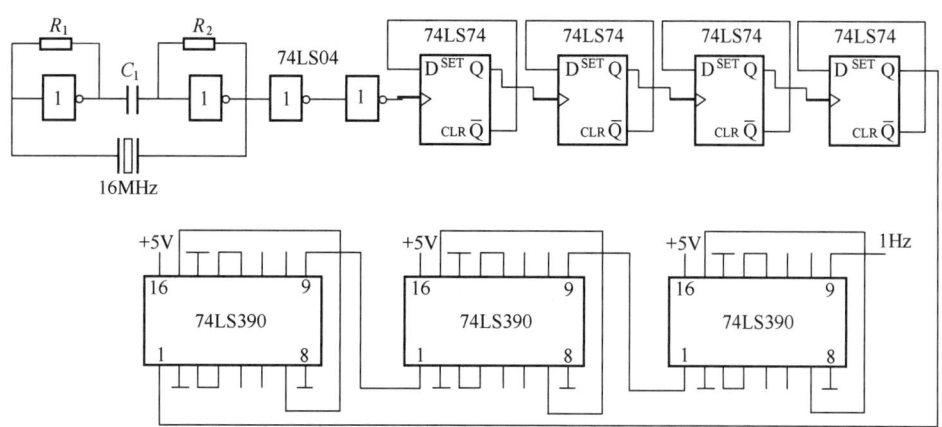

图 3.13　秒脉冲信号发生器

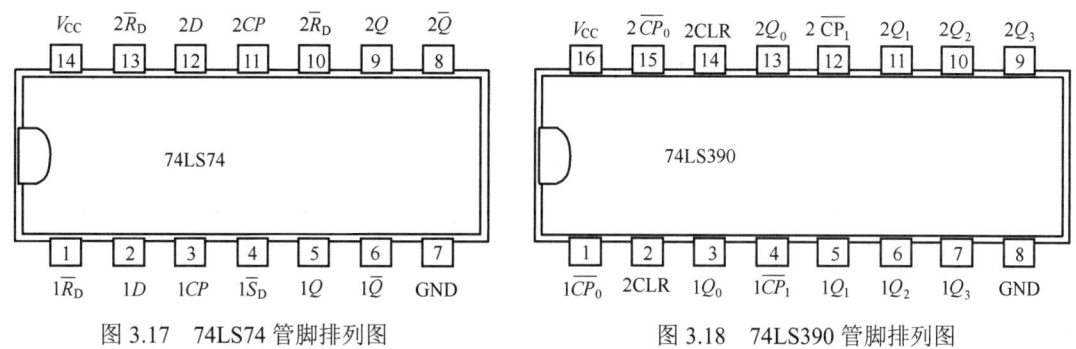

图 3.17　74LS74 管脚排列图　　　　图 3.18　74LS390 管脚排列图

表 3.8　维持阻塞 D 触发器的特性表

时钟	输入			现态	次态	功能说明
CP	$\overline{R}_D$	$\overline{S}_D$	D	Q^n	Q^{n+1}	
×	0	1	×	0 / 1	0	直接置 0
×	1	0	×	0 / 1	1	直接置 1
↑	1	1	0	0 / 0	0	置 0
↑	1	1	1	0 / 1	1	置 1

表 3.9　74LS390 的功能表

输入			输出				说明
CLR	$\overline{CP_0}$	$\overline{CP_1}$	Q_3	Q_2	Q_1	Q_0	
1	×	×	0	0	0	0	异步置 0
0	↓	×	×	×	×	二分频输出	一位二进制加计数
0	×	↓	五分频输出			×	五进制计数器

74LS390 主要功能：

（1）清零功能：

当 CLR=1 时，计数器清零，即 $Q_3Q_2Q_1Q_0$=0000，与 CP 无关。

（2）计数功能：

当 CLR=0 时，74LS390 的计数器状态有下面几种情况：

若计数脉冲由 $\overline{CP_0}$ 端输入，从 Q_0 输出，则可构成一位二进制计数器；

若计数脉冲由 $\overline{CP_1}$ 端输入，以 $Q_3Q_2Q_1$ 输出，则可构成异步五进制计数器。

若将 Q_0 和 $\overline{CP_1}$ 相连，计数脉冲从 $\overline{CP_0}$ 输入，输出为 $Q_3Q_2Q_1Q_0$，则可构成 8421BCD 码异步十进制加法计数器。

若将 Q_3 和 $\overline{CP_0}$ 相连，计数脉冲从 $\overline{CP_1}$ 输入，输出为 $Q_0Q_3Q_2Q_1$，则可构成 5421BCD 码异步十进制加法计数器。

秒脉冲信号发生器所需元器件清单见表 3.10，电路制作中应注意元器件布局、焊点质量。用示波器观测 74LS74 芯片 Q 端波形及 74LS390 芯片 Q_3 的信号波形并记录。

表 3.10 秒脉冲信号发生器的元器件清单

元器件类型	型号规格及参数	数量
IC 芯片	74LS04	1
IC 芯片	74LS74	2
IC 芯片	74LS390	3
石英晶体振荡器	16MHz	1
电阻 R_1、R_2	RT14-360Ω	2
电容 C_1	独石 103	1

3.4.3 秒、分、时计数显示电路的制作调试

秒、分、时计数显示电路由计数器和译码器以及 LED 数码管组成。其中，秒、分计数显示电路的电路构成是相同的，如图 3.19 所示。由两片十进制计数器 74LS160 构成 60 进制计数器，两片驱动共阳数码管的显示译码器 74LS247 和两个共阳数码管构成秒、分译码显示电路；时计数显示电路由两片 74LS160 构成 24 进制计数器，两片 74LS247 和两个共阳数码管构成时译码显示电路，如图 3.20 所示。

1. 74LS160 集成同步十进制计数

74LS160 是可预置集成同步十进制计数器，图 3.21 为其管脚排列图，其中 $\overline{CR}$ 为异步置 0 控制端（低电平有效），$\overline{LD}$ 为同步置数控制端（低电平有效），CT_T 和 CT_P 为计数控制端（高电平有效），$D_3 \sim D_0$ 为并行数据输入端，$Q_3 \sim Q_0$ 为输出端，输出 8421BCD 码，CO 为进位输出端，$CO = Q_3^n Q_0^n$。74LS160 的功能表见表 3.11。

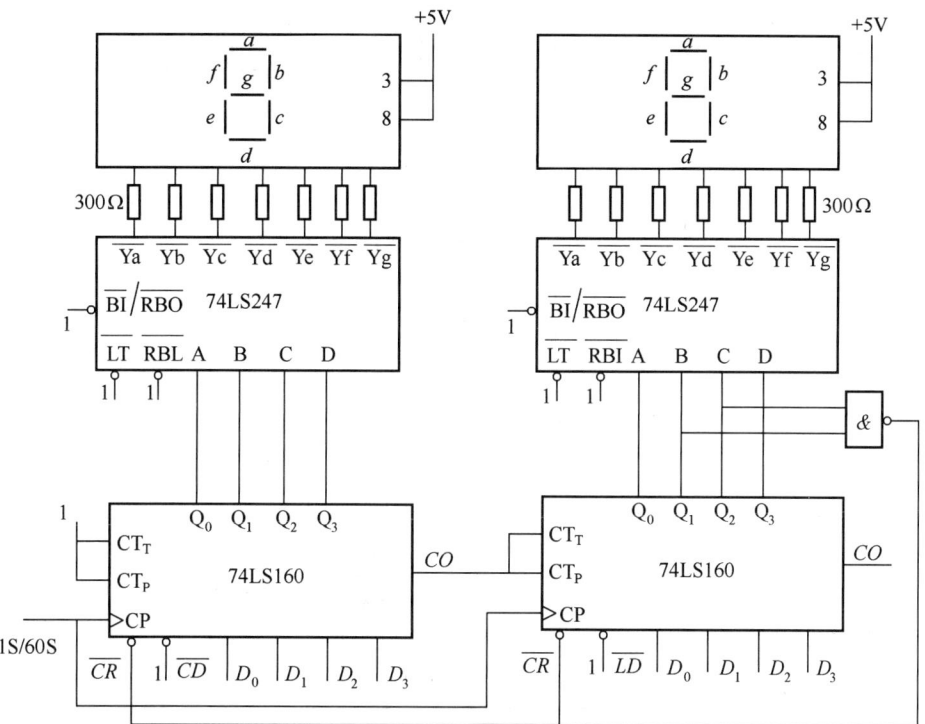

图 3.19 秒、分计数显示原理图

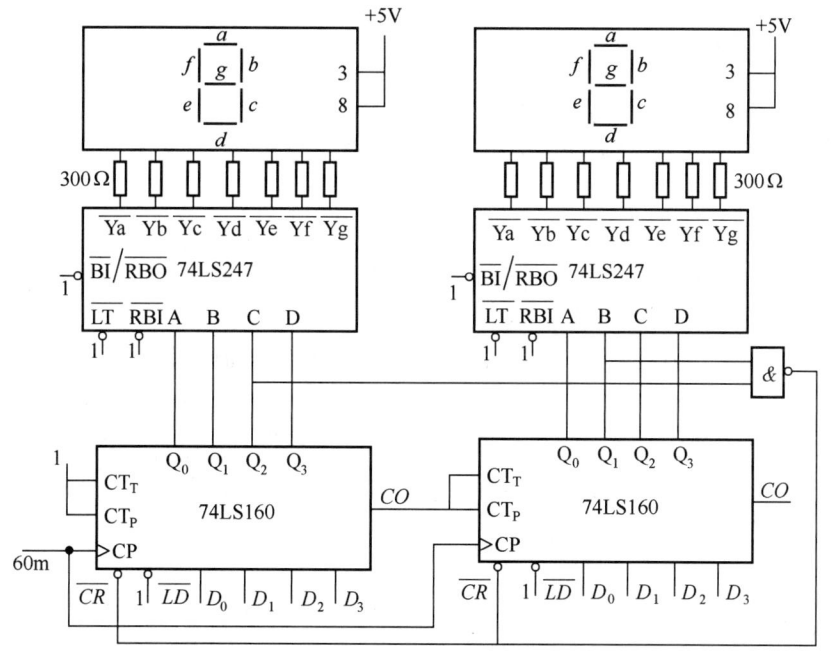

图 3.20 时计数显示原理图

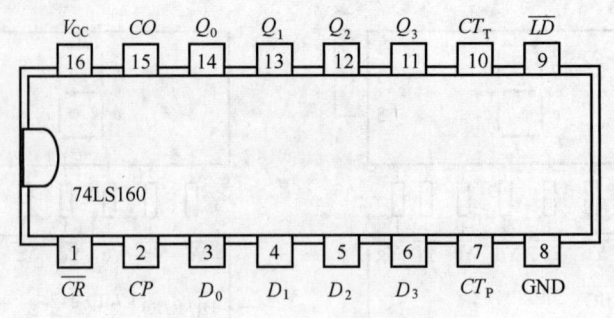

图 3.21 74LS160 的管脚排列图

表 3.11 74LS160 的功能表

输入									输出				功能说明
$\overline{CR}$	$\overline{LD}$	CT_P	CT_T	CP	D_3	D_2	D_1	D_0	Q_3	Q_2	Q_1	Q_0	
0	×	×	×	×	×	×	×	×	0	0	0	0	异步清零
1	0	×	×	↑	D_3	D_2	D_1	D_0	D_3	D_2	D_1	D_0	并行置数
1	1	1	1	↑	×	×	×	×	计数				计数
1	1	0	×	×	×	×	×	×	Q_3	Q_2	Q_1	Q_0	保持
1	1	×	0	×	×	×	×	×	Q_3	Q_2	Q_1	Q_0	保持

由表 3.11 可知 74LS160 具有以下功能：

（1）异步清零功能。当 $\overline{CR}=0$ 时，计数器清零，即 $Q_3Q_2Q_1Q_0=0000$，与时钟端的状态无关。

（2）同步并行置数功能。当 $\overline{CR}=1$，$\overline{LD}=0$ 时，在 CP 脉冲上升沿，并行输入的数据 $D_3 \sim D_0$ 被置入计数器，即 $Q_3Q_2Q_1Q_0=D_3D_2D_1D_0$。

（3）同步十进制（8421BCD 码）加法计数功能。当 $\overline{CR}=\overline{LD}=1$，$CT_T=CT_P=1$ 时，计数器在 CP 脉冲作用下进行十进制加法计数。

（4）保持功能。当 $\overline{CR}=\overline{LD}=1$，$CT_T \cdot CT_P=0$ 时，计数器保持原来的状态不变。

（5）进位输出信号 CO 实现十进制计数的位扩展。

2. 共阳数码管的显示译码器 74LS247

74LS247 是驱动共阳数码管的显示译码器。图 3.22 为 74LS247 的逻辑符号及管脚排列图。其中 $\overline{LT}$ 为灯测试端，低电平有效；$\overline{BI}$ 为消隐输入端，低电平有效；$\overline{RBI}$ 为灭零输入端，低电平有效；$\overline{RBO}$ 为灭零输出端。当 $\overline{LT}=1$，$\overline{BI}=1$，$\overline{RBI}=0$ 且对应输入代码 DCBA=0000 时，字形 0 不显示，此时 $\overline{RBO}=0$。可用 $\overline{RBO}$ 级联到相邻位的 $\overline{RBI}$ 端，实现对相邻位的灭零控制。D、C、B、A 为 8421BCD 码输入端，$\overline{Y_a}$、$\overline{Y_b}$、$\overline{Y_c}$、$\overline{Y_d}$、$\overline{Y_e}$、$\overline{Y_f}$、$\overline{Y_g}$ 为七段译码输出。

主要功能：

（1）灯测试：当 $\overline{LT}=0$ 且 $\overline{BI}=1$，输出 $\overline{Y_a}$、$\overline{Y_b}$、$\overline{Y_c}$、$\overline{Y_d}$、$\overline{Y_e}$、$\overline{Y_f}$、$\overline{Y_g}$ 均为低电平，显示字形 "日"，以测试码段有无损坏。

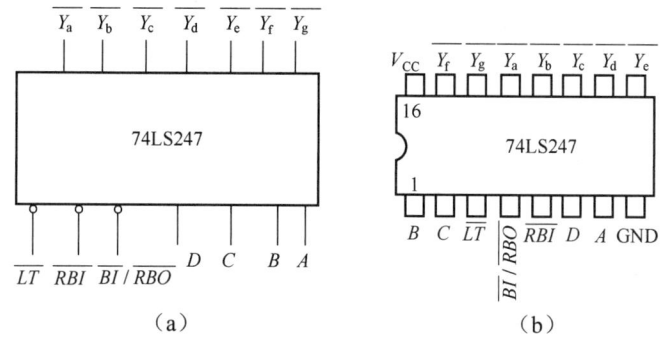

（a）　　　　　　　　　　　　（b）

图 3.22　74LS247 的逻辑符号图及管脚排列图

（2）消隐：当 $\overline{BI}=0$，无论输入代码 $DCBA$ 及其他输入端是什么状态，输出 $\overline{Y_a}$、$\overline{Y_b}$、$\overline{Y_c}$、$\overline{Y_d}$、$\overline{Y_e}$、$\overline{Y_f}$、$\overline{Y_g}$ 均为高电平，不显示字形。$\overline{BI}$ 和 $\overline{RBO}$ 共用一个引线端。

（3）灭零：当 $\overline{LT}=1$，$\overline{BI}=1$，$\overline{RBI}=0$ 且对应输入代码 $DCBA$=0000 时，字形 0 不显示，$\overline{Y_a}$、$\overline{Y_b}$、$\overline{Y_c}$、$\overline{Y_d}$、$\overline{Y_e}$、$\overline{Y_f}$、$\overline{Y_g}$ 均为高电平。而 $DCBA$ 不是 0000 时，输出正常显示。

（4）8421 译码输出，功能表见表 3.12。

表 3.12　七段译码器逻辑功能真值表

输入				输出							显示字形
D	C	B	A	$\overline{Y_a}$	$\overline{Y_b}$	$\overline{Y_c}$	$\overline{Y_d}$	$\overline{Y_e}$	$\overline{Y_f}$	$\overline{Y_g}$	
0	0	0	0	0	0	0	0	0	0	1	0
0	0	0	1	1	0	0	1	1	1	1	1
0	0	1	0	0	0	1	0	0	1	0	2
0	0	1	1	0	0	0	0	1	1	0	3
0	1	0	0	1	0	0	1	1	0	0	4
0	1	0	1	0	1	0	0	1	0	0	5
0	1	1	0	0	1	0	0	0	0	0	6
0	1	1	1	0	0	0	1	1	1	1	7
1	0	0	0	0	0	0	0	0	0	0	8
1	0	0	1	0	0	0	0	1	0	0	9

3．LED 数码管

LED 显示器（也称 LED 数码管）是一种七段显示器，它由七个发光二极管封装而成，如图 3.23 所示，七段的不同组合能显示出十个阿拉伯数字。

LED 显示器件分共阴和共阳两类。两种接法的电路结构如图 3.24 所示，其中 DP 为小数点。LED（发光二极管）的工作电压在 2V 左右，工作电流约为 10mA。为了将 LED 显示器的工作电流限制在允许的范围,在译码器的每个输出端和显示器相应输入端之间应接入合适的限流电阻 R，其值为：

共阴数码管：$R = \dfrac{U_{OH} - U_D}{I_D}$

共阳数码管：$R = \dfrac{V_{CC} - U_D}{I_D}$

式中，V_{CC} 为电源电压；U_{OH} 为译码器输出高电平的值；U_D 为 LED 工作电压；I_D 为 LED 工作电流。

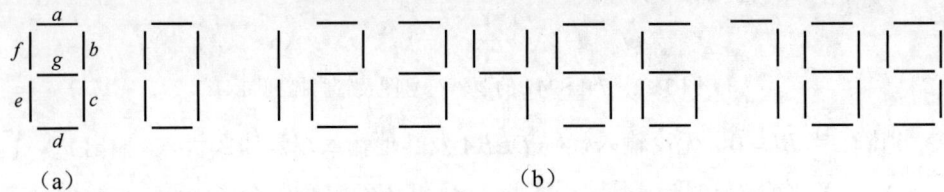

图 3.23 七段 LED 显示器的显示规律

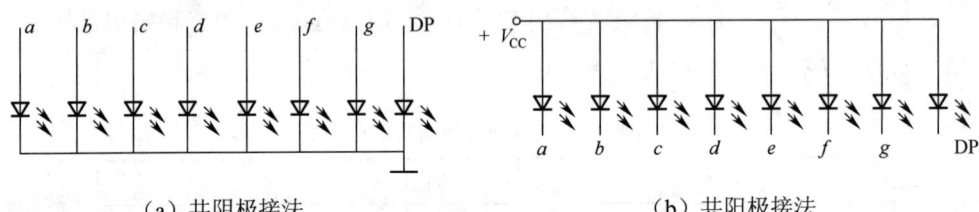

图 3.24 七段 LED 的两种形式

不同形式的显示器应采用相对应的译码器。采用共阴 LED 显示器时，应将译码器输出端接至显示器各段的阳极；采用共阳 LED 显示器时，应将译码器输出端接至显示器各段的阴极。

秒、分、时计数显示电路的元器件清单见表 3.13。

表 3.13 秒、分、时计数显示电路的元器件清单

元器件类型	型号规格及参数	数量
IC 芯片	74LS160	6
IC 芯片	74LS247	6
IC 芯片	74LS00	1
LED 数码管	共阳	6
电阻	RT14-300Ω	42

3.4.4 分、时校正电路

当由于一系列原因造成数字钟走时不准确时，利用时间校正电路对其进行校准。利用门电路的控制作用可实现分、时校正。正常工作时，校正电路不起作用。一旦走时不准，需要对分、时进行校准时，校正电路起作用，将正常的分、时计数脉冲断开，接入秒脉冲进行校准。分时间校正电路如图 3.25 所示，时时间校正电路如图 3.26 所示。数字钟正常工作时，校正电路不起作用，开关 Sm、Sh 接地，秒脉冲被封锁。当需要进行时间校正时，开关 Sm、Sh 接+5V，

秒脉冲信号被送入分、时计数器的时钟端，分、时计数脉冲不再是分脉冲和时脉冲，而是秒脉冲，即一秒就使时时间加 1，或使分时间加 1。所需元器件：74LS00 一片，开关按钮两个。数字钟电路元器件总清单见表 3.14。

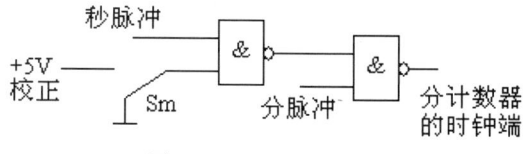

图 3.25　分时间校正电路

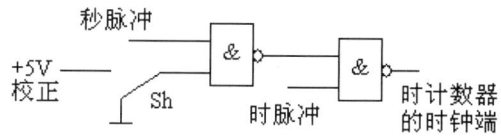

图 3.26　时时间校正电路

表 3.14　数字钟电路的元器件清单

元器件类型	型号规格	数量
IC 芯片	74LS00	2
IC 芯片	74LS04	1
IC 芯片	74LS74	2
IC 芯片	74LS390	3
IC 芯片	74LS160	6
IC 芯片	74LS247	6
石英晶体振荡器	16MHz	1
电阻	RT14-360Ω	2
电阻	RT14-300Ω	42
电容	独石 103	1
LED 数码管	共阳	6
开关按钮		2

3.4.5　电路联调

为提高制作的成功率，应先制作电路模块，在确保各模块工作正常后再进行系统连接。

（1）用实验板分别制作秒脉冲信号发生器、秒显示电路、分显示电路和时显示电路，注意元器件的连接应正确。

（2）用示波器观察秒脉冲信号发生器输出端，应得到 1Hz 的方波信号。

（3）将秒脉冲信号分别接秒显示和分显示电路，应能完成六十进制计数并正确显示；将秒脉冲信号接时显示电路，应能完成二十四进制计数并正确显示。拨动调分和调时开关，应能正确调整。

（4）将秒脉冲信号发生器及秒、分、时显示电路连接，通电并观察结果。

第 4 章 可编程逻辑器件及应用

可编程逻辑器件（PLD）的历史可追溯到 20 世纪 70 年代，先后出现了可编程只读存储器（PROM）、可编程逻辑阵列（PAL）、可编程阵列逻辑（PLA）和通用逻辑阵列（GAL）。由于这些器件的结构简单，规模小，难以实现复杂的逻辑功能，它们的应用受到一定的局限。20 世纪 80 年代末，CPLD（复杂可编程逻辑器件）和 FPGA（现场可编程门阵列）的出现，给复杂数字系统的设计带来了革命性的变化。这些器件集成度高（从几千门到数百万门），可完成简单如普通逻辑电路、复杂如 CPU 的设计。借助计算机硬件和软件技术（主要是 EDA 技术），设计人员可以在现场修改电路的设计，受到电子设计工程师的普遍欢迎。目前，世界上许多著名的半导体公司，如 Altera、Xilinx、Lattice、Actel 和 AMD 等均提供了品种繁多的 CPLD 和 FPGA 产品供用户选择，其性能不断提高，价格逐步下降。可以预计，可编程逻辑器件将在结构、密度、功能、速度和性能等方面得到进一步发展，在现代电子系统设计中得到越来越广泛的应用。本章将以目前普遍使用的 Altera 公司的 ACEX1K 系列的 EP1K30QC208 芯片为例，介绍可编程逻辑器件的设计与应用。

4.1 ACEX1K 系列 FPGA

ACEX1K 系列 FPGA 是 Altera 于 2000 年推出的 2.5V、低价格、SRAM 工艺 FPGA，带嵌入式阵列块（EAB），部分型号带锁相环（PLL）。EP1K30QC208 芯片为 Altera 公司 ACEX1K 系列器件，其逻辑门为 30000 门，共有 1728 个 LE（逻辑单元），片内含有 6 个 EAB（嵌入式阵列块），总的 RAM 位数为 24576bit，支持多电压 I/O 接口（+2.5V、+3.3V、+5V），芯核电压（VCCINT）为+2.5V，I/O 口电压（VCCIO）可以连接+2.5V 或+3.3V。核心芯片管脚分布如图 4.1 所示。

由于基于 SRAM 的 FPGA 掉电后程序即丢失，必须配置一块 EEPROM 芯片（如 EPC2LC20），将程序写入其中，下次上电后自行将程序加入核心芯片。

4.2 可编程逻辑器件的设计流程

可编程逻辑器件的设计是指利用 EDA 开发软件和编程工具对器件进行开发的过程。其流程图如图 4.2 所示。

1. 设计准备

在系统设计之前，首先要进行方案论证、系统设计和器件选择等准备工作。设计人员根据任务要求，如系统的功能和复杂度，对工作速度和器件本身的资源、成本及连线的可布性等方面进行权衡，选择合适的设计方案和合适的器件类型。一般采用自上而下的设计方法，也可采用传统的自下而上的设计方法。

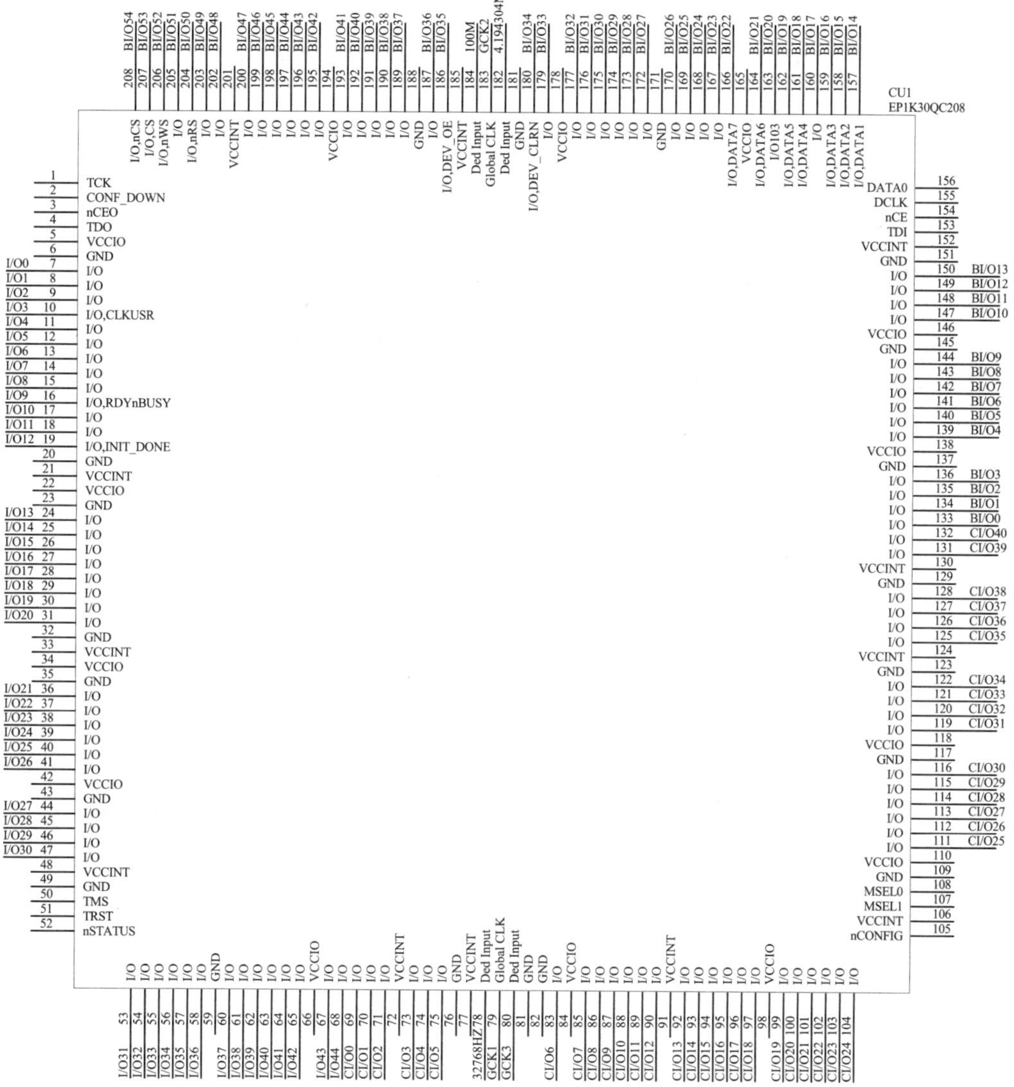

图 4.1 EP1K30QC208 芯片引脚及其信号命名图

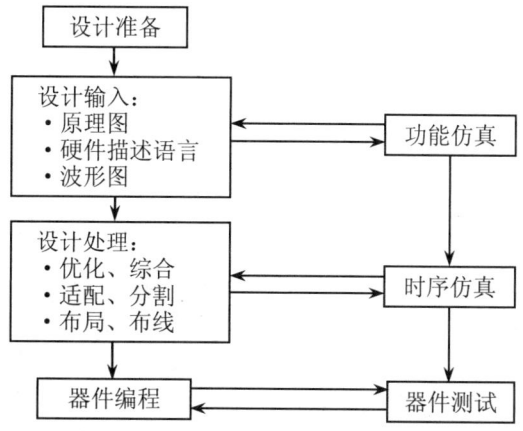

图 4.2 可编程逻辑器件的开发流程图

2. 设计输入

设计人员将所设计的系统或电路以开发软件要求的某种形式表示出来，并送入计算机的过程称为设计输入。设计输入通常有以下几种形式：

（1）原理图输入方式。原理图输入方式是一种最直接的设计描述方式。要设计什么，就从软件系统提供的元件库中调出来，画出原理图，这样比较符合人们的习惯。这种方式要求设计人员有丰富的电路知识，并且对 PLD 的结构比较熟悉。其主要优点是容易实现仿真，便于信号的观察和电路的调整，缺点是效率低。特别是产品有所改动，需要选用另外一个公司的 PLD 器件时，就需要重新输入原理图，而采用硬件描述语言输入方式就不存在这个问题。

（2）硬件描述语言输入方式。硬件描述语言是用文本方式描述设计，它分为普通硬件描述语言和行为描述语言。

普通硬件描述语言有 ABEL、CUR 和 LFM 等，它们支持逻辑方程、真值表、状态机等逻辑表达方式，主要用于简单 PLD 的设计输入。行为描述语言是目前常用的高层硬件描述语言，主要有 VHDL 和 Verilog HDL 两个 IEEE 标准。其突出优点有：语言与工艺的无关性，可以使设计人员在系统设计、逻辑验证阶段便于确立方案的可行性；语言的公开可利用性，便于实现大规模系统的设计；具有很强的逻辑描述和仿真功能，而且输入效率高，在不同的设计输入库之间的转换非常方便，不必对底层的电路和 PLD 结构十分熟悉。

（3）波形输入方式。波形输入方式主要是用来建立和编辑波形设计文件，以及输入仿真向量和功能测试向量。波形设计输入适用于时序逻辑和有重复性的逻辑函数。系统软件可以根据用户定义的输入/输出波形自动生成逻辑关系。波形编辑功能还允许设计人员对波形进行复制、剪切、粘贴、重复与伸展，从而可以用内部节点、触发器和状态机建立设计文件，并将波形进行组合，显示各种进制的状态值，也可以将一组波形重叠到另一组波形上，对两组仿真结果进行比较。

3. 功能仿真

功能仿真也叫前仿真。用户所设计的电路必须在编译之前进行逻辑功能验证，此时的仿真没有延时信息，对于初步的功能检测非常方便。仿真前，要先利用波形编辑器和硬件描述语言等建立波形文件和测试向量（即将所关心的输入信号组合成序列），仿真结果将会生成报告文件和输出信号波形，从中便可以观察到各个节点的信号变化。如果发现错误，则返回设计输入中修改逻辑设计。

4. 设计处理

设计处理是器件设计中的核心环节。在设计处理过程中，编译软件将对设计输入文件进行逻辑化简、综合优化和适配，最后产生编程用的编程文件。

（1）语法检查和设计规则检查。设计输入完成后，首先进行语法检查。如原理图中有无漏连信号线、信号有无双重来源、文本输入文件中关键字有无输错等各种语法错误，并及时列出错误信息报告，供设计人员修改。然后进行设计规则检验，检查总的设计有无超出器件资源或规定的限制，并将编译报告列出，指明违反规则情况以供设计人员纠正。

（2）逻辑优化和综合。化简所有的逻辑方程或用户自建的宏，使设计所占用的资源最少。综合的目的是将多个模块化设计文件合并为一个网表文件，并使层次设计平面化。

（3）适配和分割。确立优化以后的逻辑能否与器件中的宏单元和 I/O 单元适配，然后将设计分割为多个便于识别的逻辑小块形式映射到器件相应的宏单元中。如果整个设计较大，不能装入一片器件时，可以将整个设计划分（分割）成多块，并装入同一系列的多片器件中去。分割可全自动、部分或全部用户控制，目的是使器件数目最少，器件之间通信的引脚数目最少。

（4）布局和布线。布局和布线工作是在上面的设计工作完成后由软件自动完成的。它以最优的方式对逻辑元件布局，并准确地实现元件间的互连。布线以后软件自动生成报告，提供有关设计中各部分资源的使用情况等信息。

5. 时序仿真

时序仿真又称后仿真或延时仿真。由于不同器件的内部延时不一样，不同的布局布线方案也给延时造成不同的影响，因此在设计处理以后，对系统和各模块进行时序仿真，分析其时序关系，估计设计的性能，以及检查和消除竞争冒险等是非常有必要的。实际上这也是与器件实际工作情况基本相同的仿真。

6. 器件编程测试

时序仿真完成后，软件就可产生供器件编程使用的数据文件。对 EPLD/CPLD 来说，是产生熔丝图文件，即 JED 文件；对于 FPGA 来说，是产生位流数据文件（Bitstream Generation），然后将编程数据放到对应的具体可编程器件中去。器件编程需要满足一定的条件，如编程电压、编程时序和编程算法等。普通的 EPLD/CPLD 器件和一次性编程的 FPGA 需要专用的编程器完成器件的编程工作，基于 SRAM 的 FPGA 可以由 EPROM 或其他存储体进行配置。在线可编程的 PLD 器件不需要专门的编程器，只要一根编程下载电缆就可以了。器件在编程完毕后，可以用编译时产生的文件对器件进行校验、加密等工作。对于支持 JTAG 技术，具有边界扫描测试 BST（Bandary-Scan Testing）能力和在线编程能力的器件来说，测试起来就更加方便。

4.3 Quartus II 的使用

4.3.1 Quartus II 的特点

Quartus II 是 Altera 公司提供的 CPLD/FPGA 集成开发环境，是 MAX+plusII 的更新换代产品。其界面友好，使用便捷，使设计者能方便地进行设计输入、快速处理和器件编程。

Quartus II 提供了完整的多平台设计环境，能满足各种特定设计的需要，也是单芯片可编程系统（SOPC）设计的综合性环境和 SOPC 开发的基本设计工具。

Quartus II 设计工具完全支持 VHDL、Verilog 的设计流程，其内部嵌有 VHDL、Verilog 逻辑综合器。

Quartus II 也可以利用第三方的综合工具，如 Leonardo Spectrum、Synplify Pro、FPGA Compiler II，并能直接调用这些工具。

同样，Quartus II 具备仿真功能，同时也支持第三方的仿真工具，如 ModelSim。

Quartus II 包括模块化的编译器，主要功能模块有：分析/综合器（Analysis & Synthesis）、适配器（Fitter）、装配器（Assembler）、时序分析器（Timing Analyzer）、设计辅助模块（Design Assistant）、EDA 网表文件生成器（EDA Netlist Writer）、编辑数据接口（Compiler Database Interface）等。

此外，Quartus II还包含许多十分有用的 LPM（Library of Parameterized Modules）模块，

它们是复杂或高级系统构建的重要组成部分,也可以在 Quartus II 中与普通设计文件一起使用。在许多实用情况中,必须使用这些模块才可以实现 Altera 器件的一些特定功能,如各类片上存储器、DSP 模块、LVDS 驱动器、PLL 等。

4.3.2 Quartus II 的设计流程

使用 Quartus II 的设计过程包括以下几步。若任一步出错或未达到设计的要求,则应修改设计,然后重复以后各步。设计流程如图 4.3 所示。

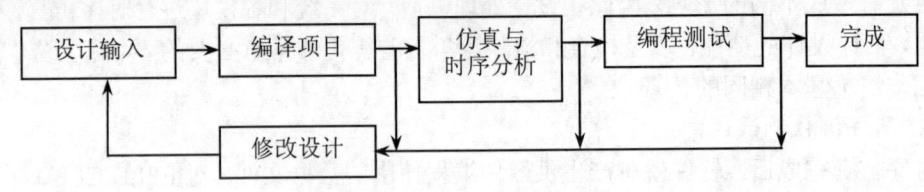

图 4.3　Quartus II 的设计流程

1. 输入设计项目

逻辑设计的输入方法有原理图输入(.gdf)、文本输入(.vhd)、波形输入(.wdf)及第三方 EDA 工具生成的设计网表文件输入(.sch、.edf、.xnf)等。输入方法不同,生成的设计文件的名称后缀就不同。

2. 编译设计项目

首先,根据设计项目要求设定编译参数和编译策略,如器件的选用、引脚的锁定、逻辑综合方式的设置等。然后对设计项目进行网表提取、逻辑综合、器件适配并产生报告文件(.rpt)、延时信息文件(.snf)和器件编程文件(.pof、.sof、.jed),供分析、仿真和编程。

3. 校验设计项目

设计项目校验方法包括功能仿真、模拟仿真和定时分析。

功能仿真是在不考虑器件延时的理想情况下仿真设计项目的一种项目校验方法,也称为前仿真。通过功能仿真可以验证一个项目的逻辑功能是否正确。

模拟仿真(时序仿真)是在考虑设计项目具体适配器件的各种延时的情况下,仿真设计项目的一种项目验证方法,也称为后仿真。时序仿真不仅测试逻辑功能,而且测试目标器件最差情况下的时间关系。通过时序仿真,在设计项目编程到器件之前进行全面测试,以确保在各种可能的条件下都有正确的响应。

定时分析用来分析器件引脚及内部节点之间的传输延时、时序逻辑的性能以及器件内部各种寄存器的建立保持时间。

4. 编程验证设计项目

用 Quartus II 编程器通过 Altera 编程硬件或其他工业标准编程器,将经过仿真确认后的编程目标文件编入所选定的可编程逻辑器件中,然后加入激励信号,测试是否达到设计要求。

4.4　应用举例

下面以某型实验箱为例,介绍 CPLD/FPGA 的设计及应用。

4.4.1 设计任务

用原理图输入方式设计一个 2 位十进制频率计,精度为 1Hz。

4.4.2 频率计的工作原理

频率计的实现一般采用的方法是在 1 秒的标准脉宽内对被测信号脉冲进行计数,计数结果即为所测频率。从原理上可将上述过程划分为三个功能模块,如图 4.4 所示。

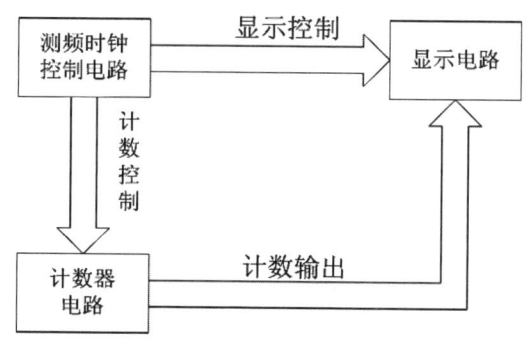

图 4.4 频率计的组成

测频控制电路产生测频控制时序,计数电路对被测脉冲计数并锁存计数结果,显示电路则将计数结果用静态或动态的方式在数码管上显示出来。

4.4.3 功能模块的实现

1. 测频时序控制电路模块的实现

测频时序控制模块如图 4.5 所示。clk 为 8Hz 基准输入时钟,en 为计数器提供 1s 的标准脉宽,lock 为锁存计数数据的控制信号,clr 为计数器清零信号。图中采用了 4 位二进制计数器 7493,4-16 线译码器 74154 和两个 RS 触发器。8Hz 的基准时钟 clk 经过 7493 计数输出 4 位二进制数,QD 为 0.5Hz,刚好产生了 1s 的标准正负脉宽信号 en。在 1s 的正脉宽时允许计数,在 1s 的负脉宽禁止计数。在允许计数期间进行计数;在禁止计数期间,进行计数结果的锁存、显示以及在下个 1s 正脉冲到来之前将计数器清零,准备新的计数测频等工作,这样就完成了自动测频的工作。

2. 计数器电路模块的实现

图 4.6 是计数器电路模块。

en 为计数有效信号,即 1s 的标准脉宽,clk 为待测信号输入端,将 en 和 clk 相与便可实现允许计数与禁止计数的控制。74390 为双十进制计数器。按图 4.6 的接法,构成一个模 99 计数器,q[0]～q[3]和 q[4]～q[7]分别为个位和十位的 BCD 码输出端,clr 为计数器清零信号,cout 为计数器进位输出,可以进行计数器扩展。

3. 显示电路模块的实现

显示电路模块的设计可参考图 4.7。

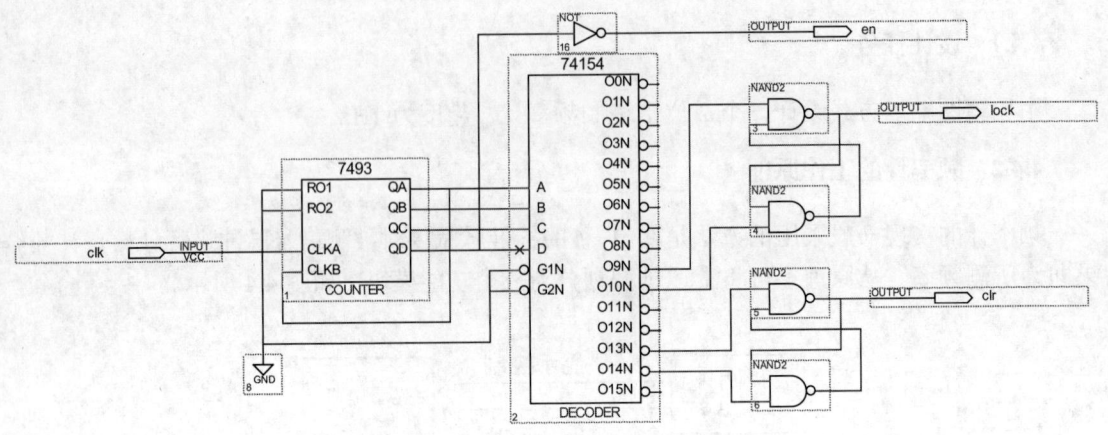

图 4.5 时序控制电路模块

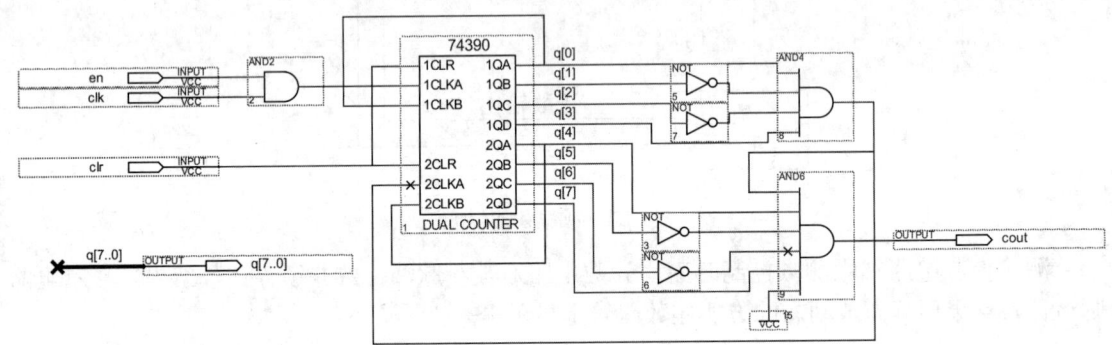

图 4.6 计数器电路模块

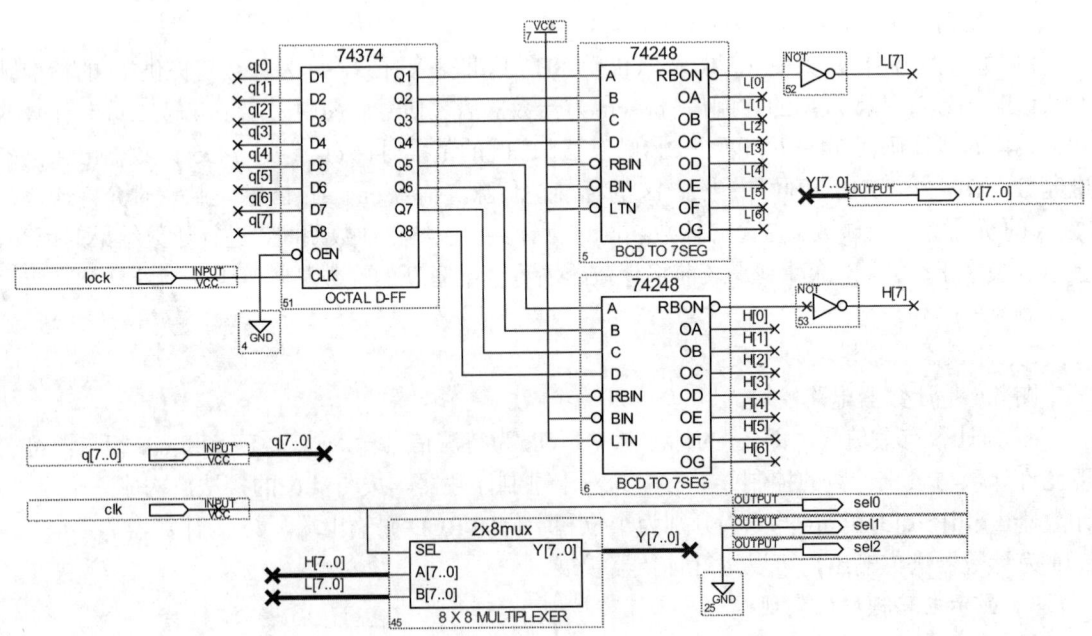

图 4.7 显示电路模块

74374 为 8 位锁存器，74248 为 7 段译码器，可直接驱动共阴数码管。经过 74248 译码后，输出高位与低位共两位。在两路 8 位数据选择器选择后输出数码管位选信号（或称为数码管片选信号），位选输入时钟通常选用 32768Hz［已经锁定核心芯片 A 的 183 脚（专用输入脚）］。$sel_0 \sim sel_2$ 的图示接法是由实验箱的电路决定的。

4.4.4 频率计的总体电路

总体实现原理图如图 4.8 所示。ctrol 为时序控制模块，counter 为计数器模块，display 为显示模块。8Hz 是基准时钟，通过 ctrol 模块产生 1Hz 的计数有效信号 en、计数锁存信号 lock、计数清零信号 clr。32768Hz 是数码管显示扫描信号，可完成多位数码显示。fry 是待测频率，cout 是满一百时的进位显示，可通过发光二极管显示。由于是自动测频，每隔 1s 测频一次，故进位显示是闪烁发光，当测量两位数以上的频率值时要认真观察。在 2 位频率范围（99Hz）内，输入不同的待测频率，可以马上在数码管显示出测量值。有兴趣的同学不妨按上面的介绍设计出多位频率计。

4.4.5 完成步骤

1. 电路设计

下面以图 4.5 时序控制电路模块为例，说明如何利用原理图输入的方法进行设计。

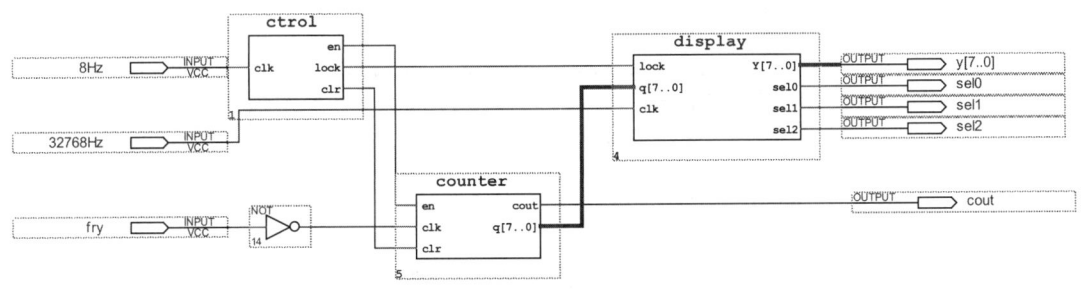

图 4.8 2 位频率计总体电路

（1）建立文件夹。将文件夹取名为 ctrol，该文件夹为本模块的工作库，所有文件均存储在这个文件夹，路径为：d:/ctrol。

（2）输入设计项目。打开 Quartus II 软件，选菜单 File→New，在对话框中选中 Device Design Files 页的原理图文件编辑输入项 Block Diagram/Schematic File，单击 OK 按钮后进入原理图编辑窗，如图 4.9 所示。

在编辑窗的任意位置右击鼠标，选择输入元器件项 Insert→Symbol，在 Name 栏输入 74154，单击 OK 按钮，将元器件拖入编辑窗，如图 4.10 所示。

如果是其他通用元器件，如各种门电路，输入、输出引脚等，可以在 c:\altera\quartus50\libraries 下拉选项中选取，如图 4.11 所示。

图 4.9 原理图输入编辑窗

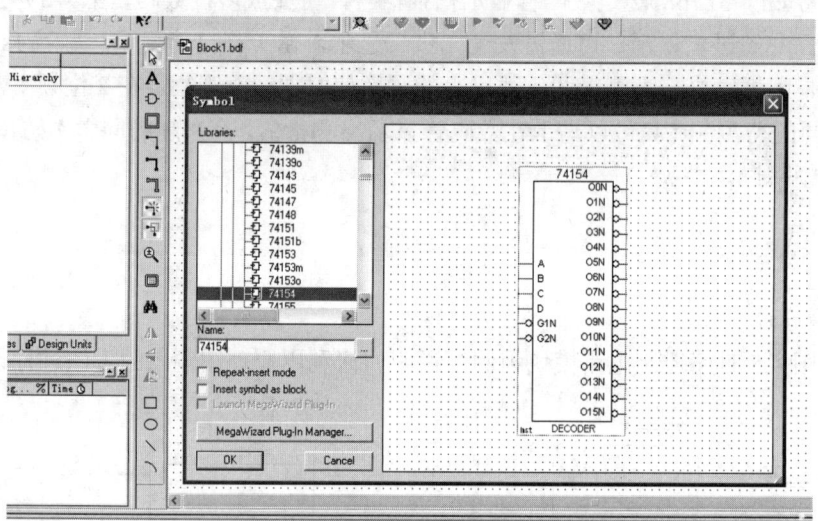

图 4.10 选择元器件

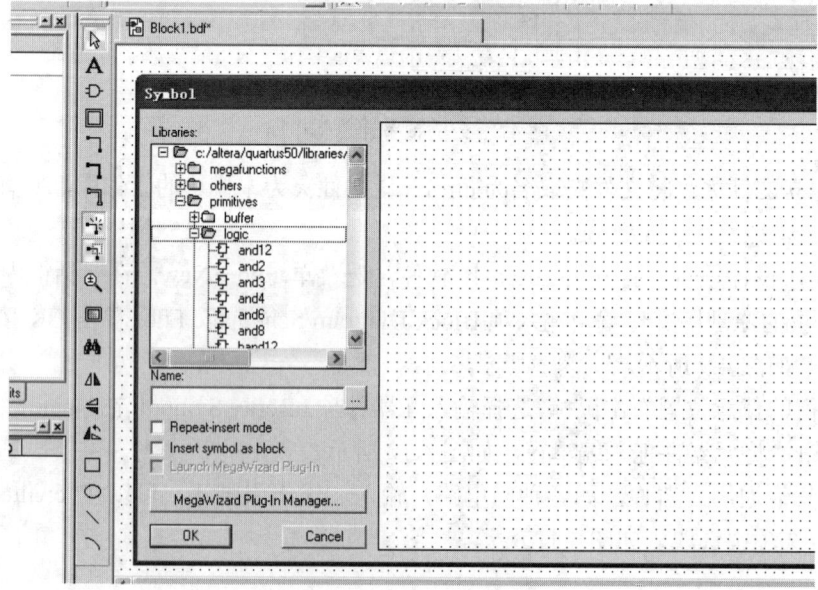

图 4.11 通用元器件的选取

按以上方法，将图 4.5 的所有元器件均调入编辑窗，在元器件的引脚处单击并拖动，可以完成连线，双击引脚，在弹出的对话框中输入引脚名。

选择 File→Save As，将设计好的电路取名为 ctrol，如图 4.12 所示。

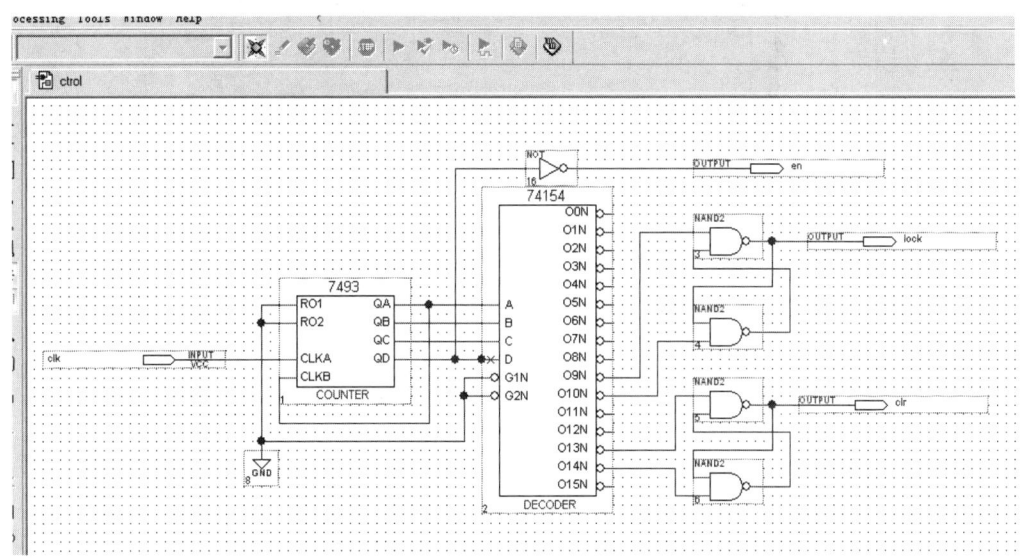

图 4.12　ctrol 模块电路图

（3）建立工程。选择菜单 File→New Project Wizard，进入建立工程向导。单击 Next 按钮，将工程名和设计实体名均取名为 ctrol，如图 4.13 所示。

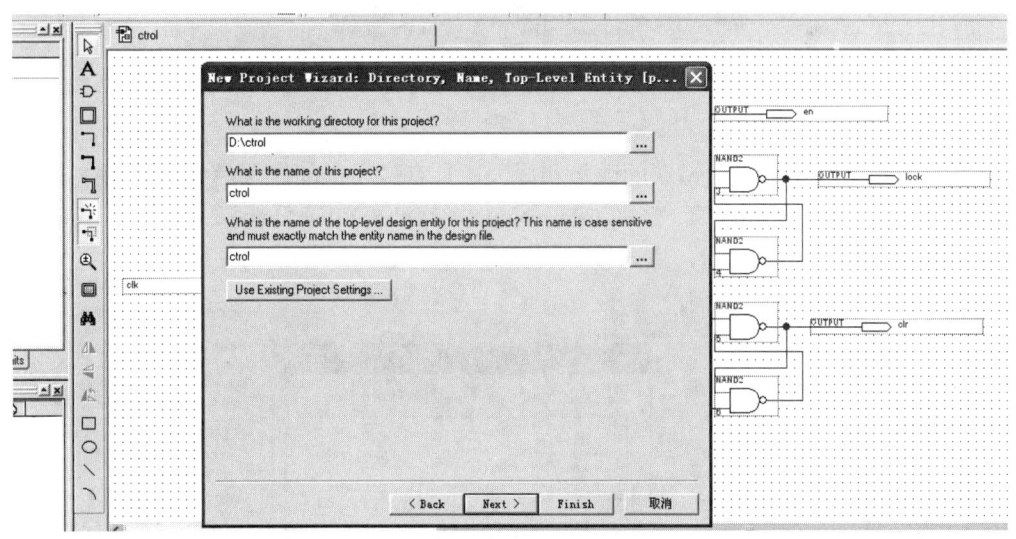

图 4.13　工程及设计实体的命名

单击 Next 按钮，浏览 name 栏，将刚才的设计加入工程，如图 4.14 所示。

连续单击 Next 按钮，FPGA 型号暂不选择，最后单击 Finish 按钮，完成工程的建立。

（4）编译及仿真。选择 Processing→Start Compilation。如果设计没有错误，则提示编译完成，如图 4.15 所示。

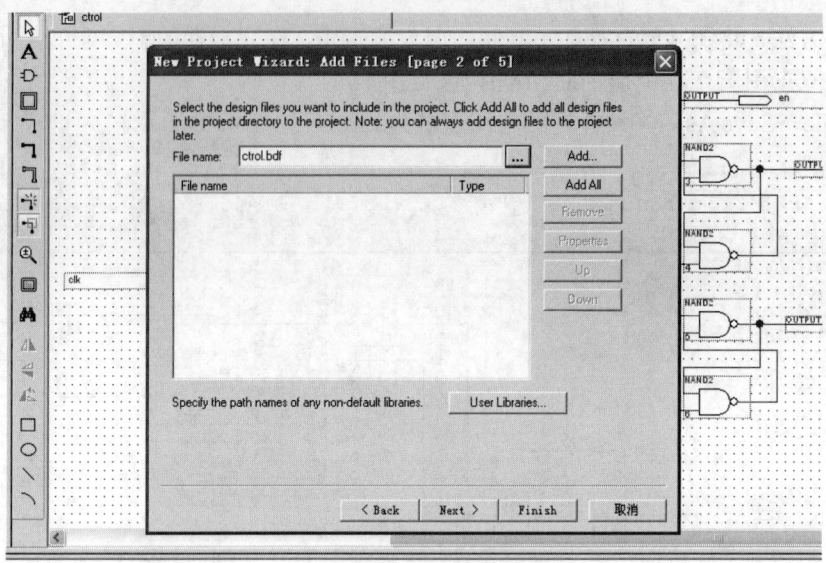

图 4.14　加入设计文件

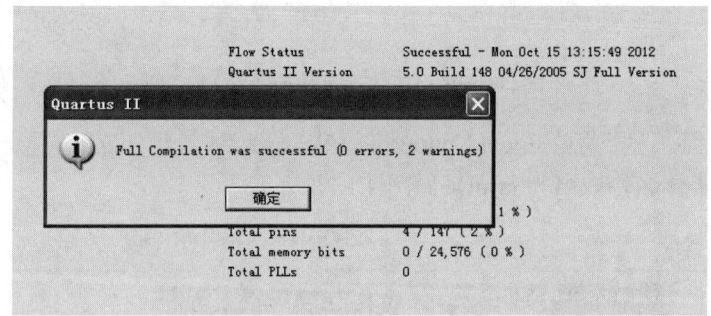

图 4.15　编译完成

如果有错误，软件将提示错误的数量和原因，只有错误全部修改后编译才能完成。

编译完成后，可以进行仿真。选择 File→New，在 Other Files 页选择 Vector Waveform File，如图 4.16 所示。单击 OK 按钮，进入波形编辑窗口，如图 4.17 所示。

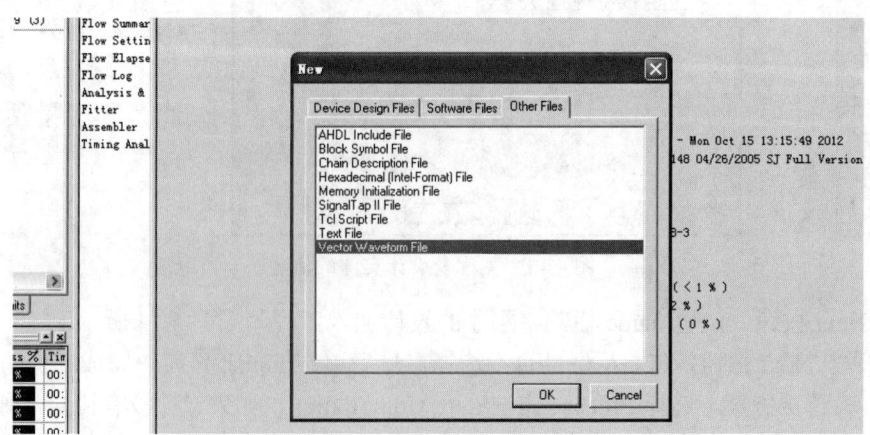

图 4.16　选择波形编辑窗口

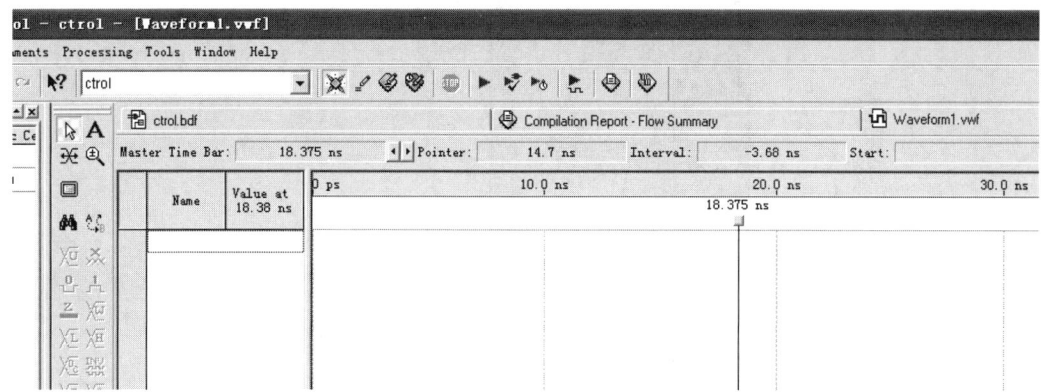

图 4.17　波形编辑窗口界面

选择 Edit→End Time，可以任意设置仿真时间，如图 4.18 所示。

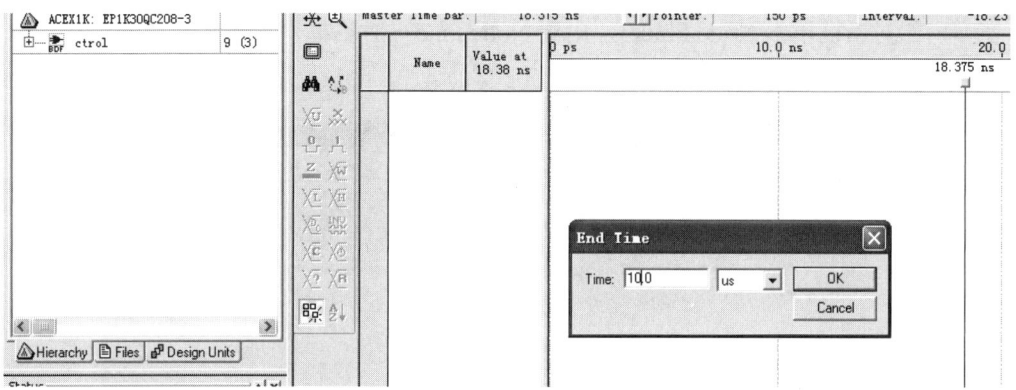

图 4.18　仿真时间设置

选择 File→Save As，单击"保存"按钮，建立默认名为 ctrol.vwf 的波形文件，如图 4.19 所示。

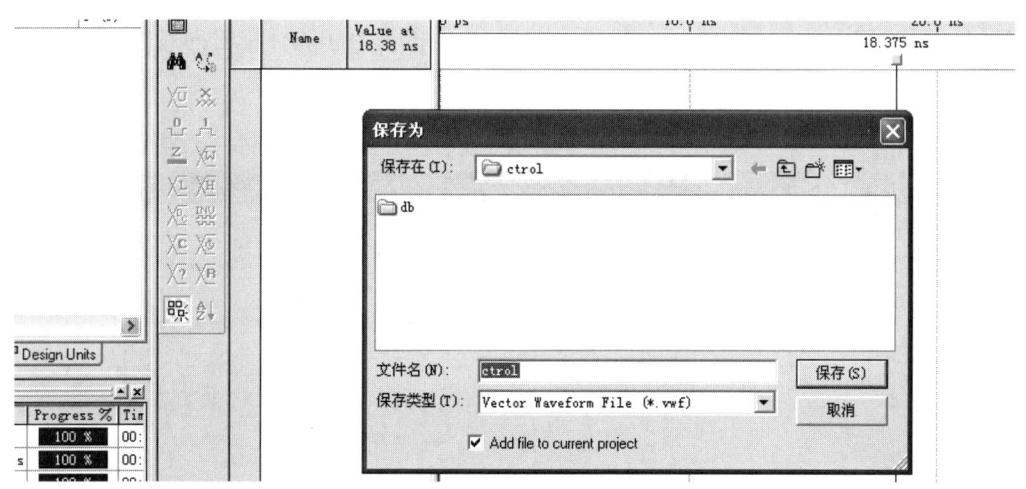

图 4.19　保存波形文件

在编辑框的 Name 栏的空白处右击，单击 Insert Node or Bus，如图 4.20 所示。

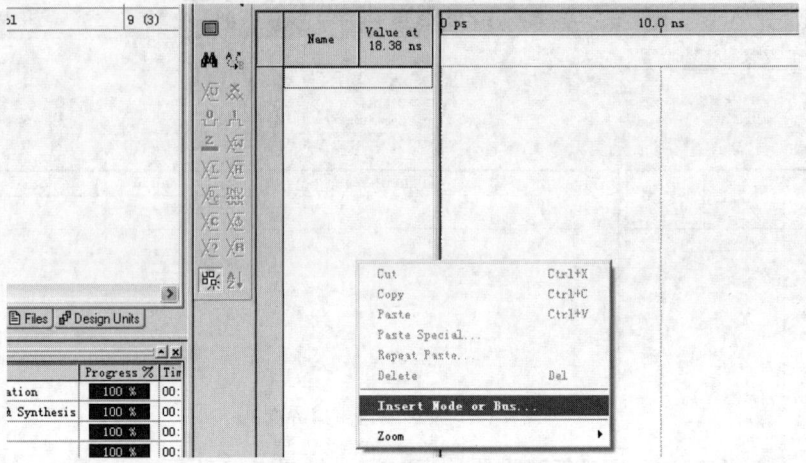

图 4.20 "加入引脚"对话框

在弹出的对话框单击 Node Finder,出现 Node Finder 对话框,如图 4.21 所示。

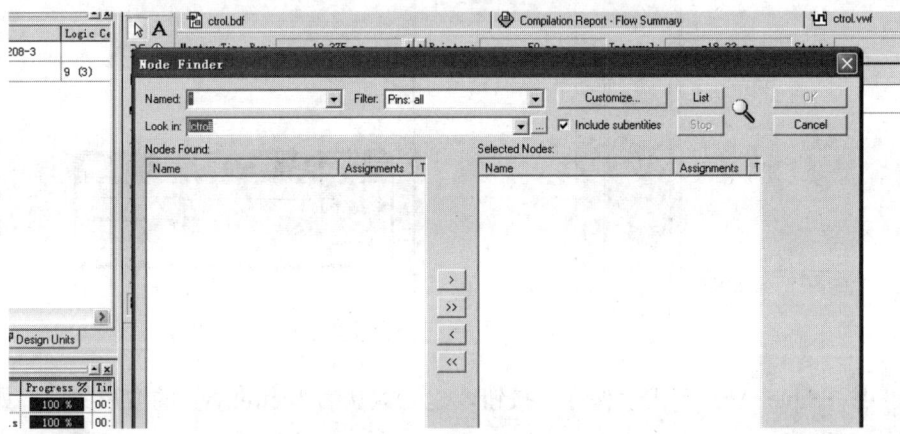

图 4.21 "发现引脚"对话框

Filter 栏选择 Pins:all,单击 List 按钮,出现该电路的所有引脚。单击向右的双箭头,选中所有的引脚,如图 4.22 所示。

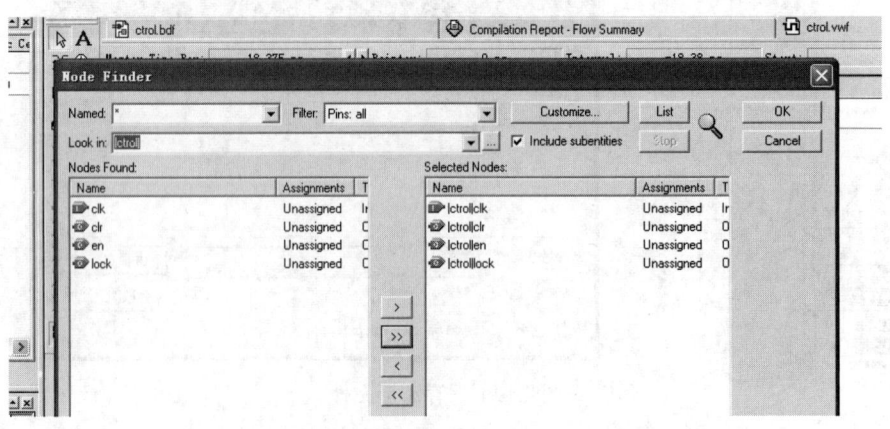

图 4.22 选择引脚

连续单击 OK 按钮，进入仿真界面。

选择 View→Fit in Window，使仿真时间比较合适。选中 clk 引脚，单击时钟图标，设置时钟周期，如图 4.23 所示。

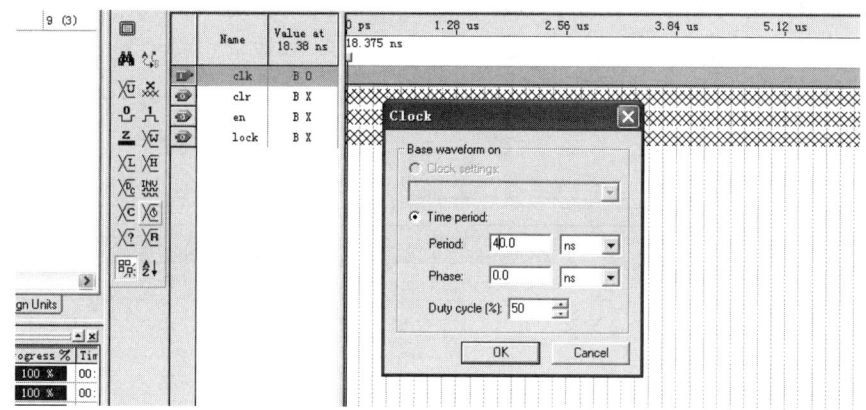

图 4.23　设置时钟

保存设置，选择 Processing→Start Simulation，完成仿真，结果如图 4.24 所示。

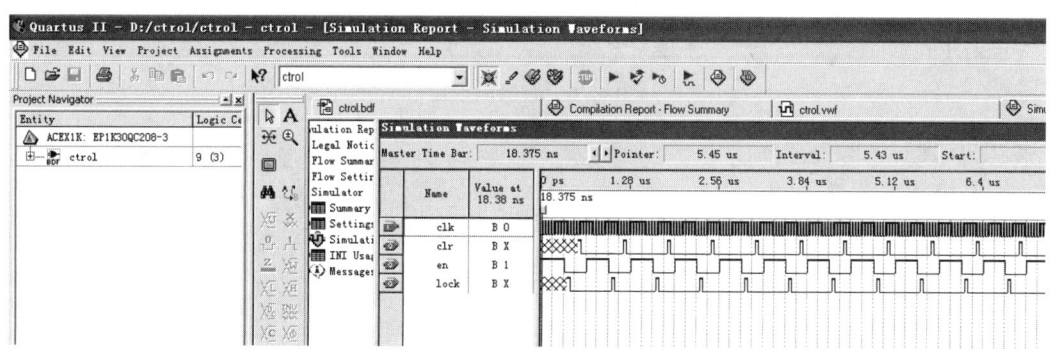

图 4.24　仿真结果

以上是原理图输入的详细操作过程。该模块还可以包装入库，供后面的设计使用。进入原理图输入文件界面，选择 File→Create/Update→Create Symbol Files for Current File，如图 4.25 所示。以后可以在原理图输入设计中调用该模块。

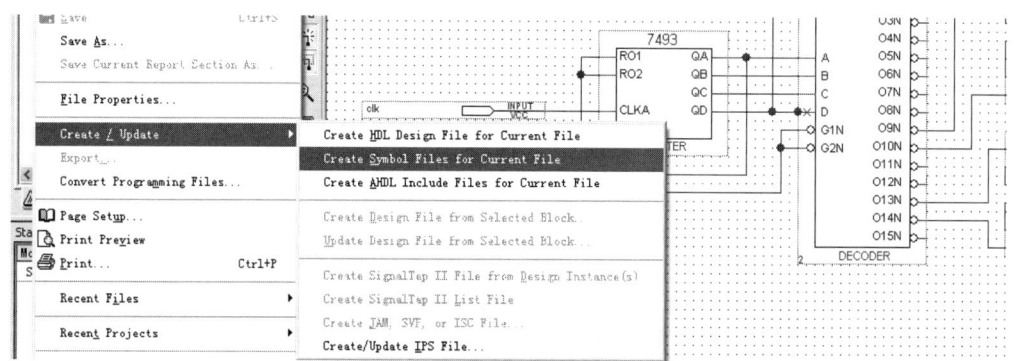

图 4.25　模块包装入库

可以按照上述过程分别设计计数模块和显示模块。按图4.8完成频率计的顶层设计，经编译、仿真，确保设计无误。

2. 芯片管脚配置及下载

（1）管脚配置。顶层设计完成后，根据建立工程向导，在建立工程时选择要下载的目标芯片，即ACEX1K系列EP1K30QC208芯片。

单击assignment→pins，单击To和Location，根据实验箱的安排设定管脚，图4.26是具体设定情况。

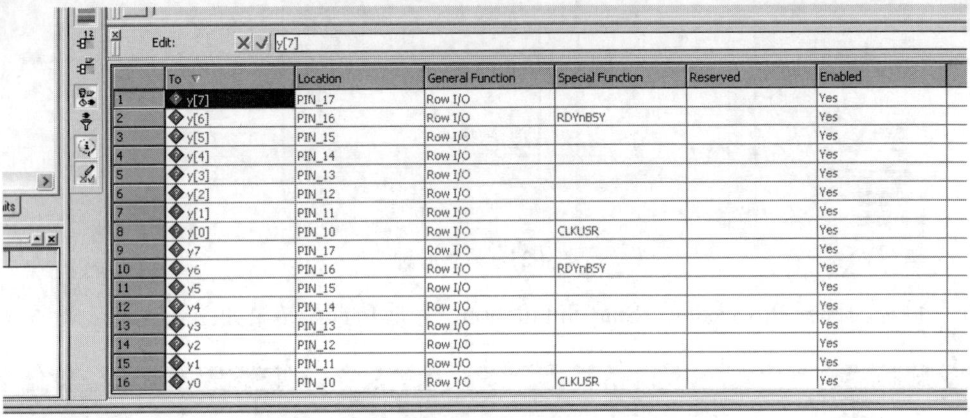

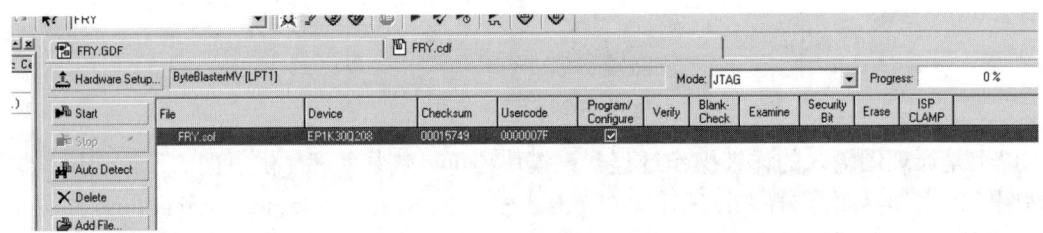

图4.26　管脚的设定

分配管脚后，要再次编译。

（2）下载。选择Tools→Programmer，进入编程下载界面。双击File，选中后缀为.sof的文件，然后选中Program/Configure，如图4.27所示。

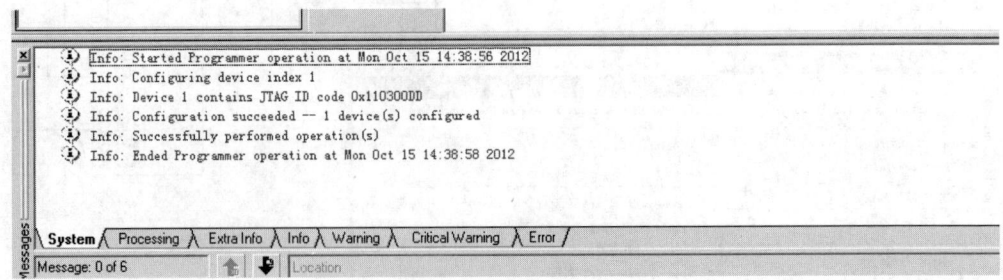

图4.27　选择下载文件

单击Start按钮，完成下载，如图4.28所示。

图4.28　下载完成信息

3. 实验验证

将实验箱时钟源模块电源按钮 TPW$_1$ 按下，将第三全局时钟 CLK$_3$ 跳线器接 8Hz，将第二全局时钟 CLK$_2$ 跳线器接 32768Hz。第一全局时钟 GCLK$_1$ 作为待测频率，分别将跳线器接 1Hz、2Hz、4Hz、8Hz、16Hz、32Hz、64Hz，观察数码管输出频率值。输入频率大于两位时，数码管只显示最低两位频率，如输入 65536Hz 时，显示 36。进位信号 LED$_1$ 每秒闪烁 1 次。

第 5 章　Altium Designer 原理图与 PCB 设计

Altium 公司前身为 Protel 国际有限公司，由 Nick Martin 于 1985 年始创于澳大利亚。最初开发的 DOS 环境下的 PCB 设计工具在澳大利亚得到了电子业界的广泛接受。1991 年，Altium 公司发布了世界上第一个基于 Windows 的 PCB 设计系统，Advanced PCB。

1997 年，Altium 公司发布了专为 Windows NT 平台构建的 Protel 98，首次将原理图输入、可编程逻辑器件（PLD）设计、仿真、板卡设计和自动布线 5 种核心 EDA 工具集成于一体，随后在 1999 年又发布了 Protel 99 和第二个版本 Protel 99 SE。这些版本设计流程自动化程度更高，进一步集成了各种设计工具，引进的"设计浏览器"平台将设计工具、文档管理、器件库等进行集成，深受电子设计工程师喜爱。2002 年，Altium 公司发布第一个在新 DXP 平台上使用的产品（Protel DXP）。2009 年 7 月，Altium 公司推出最新版本 Altium Designer Summer 09，显著改善了原生 3D PCB 设计软件的性能。目前 Altium Designer 18 已经发布。

5.1　Altium Designer 设计环境

首次启动 Altium Designer 软件，系统打开的是初始界面，如图 5.1 所示。最常见的初始任务显示在特殊视图 Home Page 中，以方便选用。Altium Designer 有很多操作面板，默认设置为一些面板放置在应用程序的左边和右边，另外一些面板呈浮动状态或为隐藏状态。

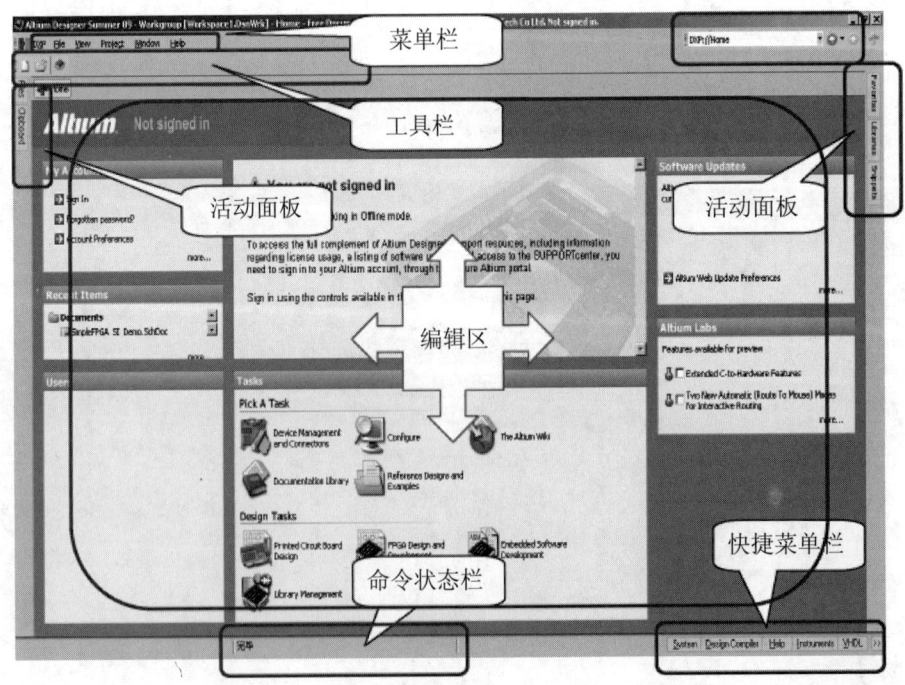

图 5.1　Altium Designer Summer 09 软件界面

5.2 Protel 与 Altium Designer 之间的转换

Altium Designer 比 Protel 增强了非常多的功能。Altium Designer 对于之前版本 Protel 99 SE 是向下兼容的，因此，原来 Protel 99 SE 的用户若要转向 Altium Designer 来进行设计，可以将 Protel 99 SE 的设计文件以及库文件导入到 Altium Designer 中来。在 EDA 设计软件兼容性方面，Altium Designer 提供了其他 EDA 设计软件的设计文档导入向导。通过 Import Wizard 来进行其他电子设计软件的设计文档以及库文件的导入。

Altium Designer 全面兼容 Protel 99 SE 的各种文档，通过 Altium Designer 软件包含的自动转换器，可直接将 99 SE 下的*.DDB 文件转换成 Altium Designer 下项目管理的文件格式。Altium Designer 中设计的文档也可以保存成 99 SE 格式，方便在 99 SE 软件中打开并编辑。

使用菜单 File→Import Wizard 打开导入向导，进入导入界面，如图 5.2 所示。

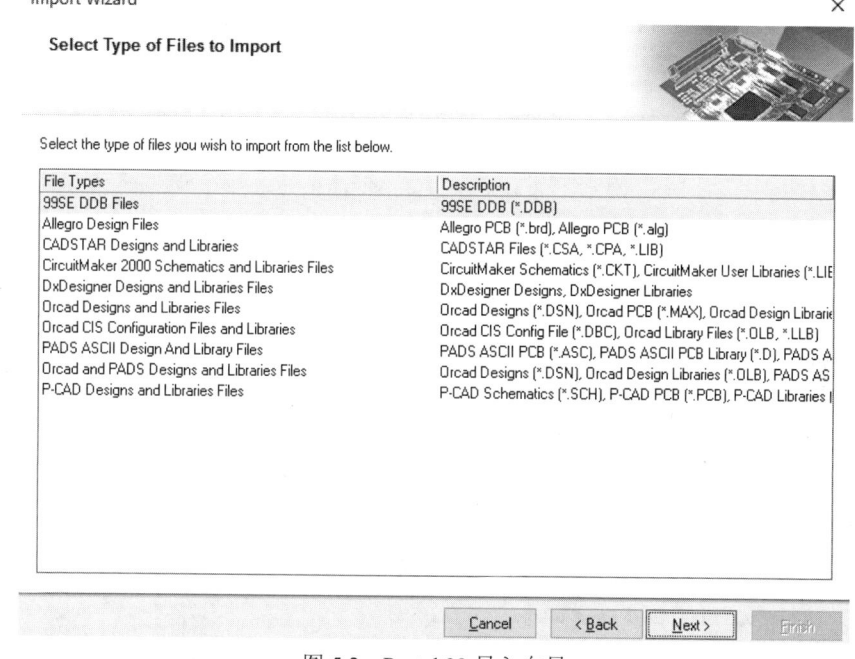

图 5.2　Protel 99 导入向导

在 Choose files or folders to import 窗口中，在 Folders to process 中单击 ADD 按钮，选择 99 SE 的库文件目录。在 Files to process 中单击 ADD 按钮，依次添加 99 SE 格式文档。单击 NEXT 按钮，弹出 Extraction Options 窗口，选择 Output Folder 新建的转换保存目录，单击 Next 按钮，弹出 Select design files to import 窗口，选择需要 import 的 DDB 文件，如图 5.3 所示。可选择常用的 DDB 文件，如 Protel DOS Schematic Libraries.ddb、Sim.ddb、Miscellaneous Devices.ddb，单击 Next 按钮，系统自动转换成后缀名为.LibPkg 的库文件，如图 5.4 所示。

同理，对于 99 SE 中的 PCB 库文件也可转换为 Altium Designer 软件下的后缀名为.LibPkg 的库文件。Altium Designer 软件下可通过右边的活动面板单击 Libraries 按钮，进入 Available Libraries 界面，单击 install 按钮，选择需要安装的库文件。

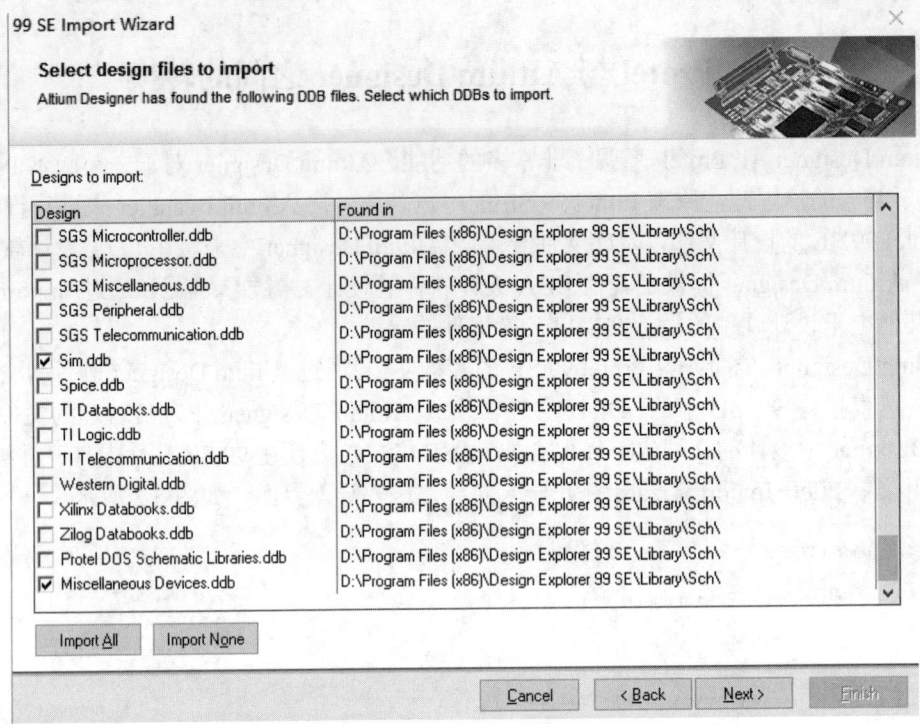

图 5.3　选择需要 import 的 DDB 文件

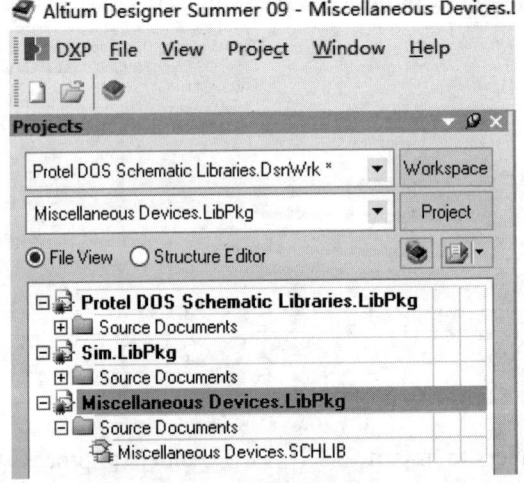

图 5.4　转换成的后缀名为 .LibPkg 的库文件

5.3　原理图的设计

5.3.1　原理图设计流程

原理图的设计流程图如图 5.5 所示。

第 5 章　Altium Designer 原理图与 PCB 设计

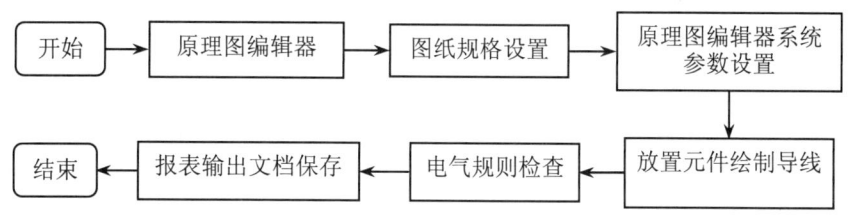

图 5.5　原理图设计流程

5.3.2　新建原理图文件

启动 Altium Designer 软件，单击菜单 File→Project→Pcb Project，新建一个 PCB 绘图工程。再单击菜单 File→Save Project As，保存为 .PrjPCB 文件。

单击菜单 File→Schematic，新建一个原理图文件。再单击 File→Save As，保存为 .SchDoc 文件。

5.3.3　原理图图纸的设置

（1）单击菜单栏的 Design→Document Options 命令，系统弹出 Document Options 对话框，如图 5.6 所示。

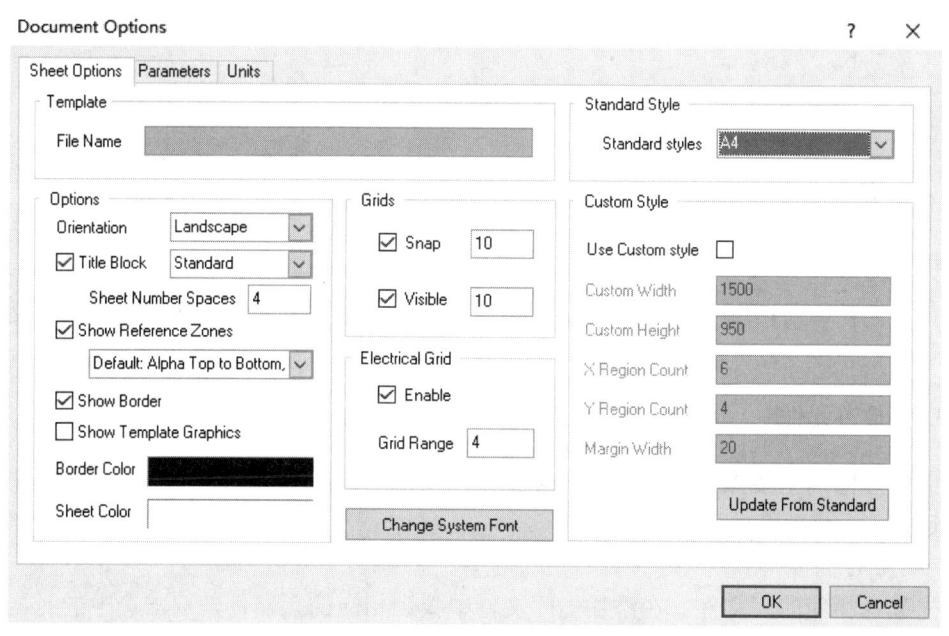

图 5.6　Document Options 对话框

在该对话框中，有 Sheet Options 选项卡，可根据相关信息设置图纸的参数。如 Standard styles 设置纸张规格、Grids 设置网格属性、Electrical Grid 设置电气节点、Change System Font 改变系统字型、Options 设置等。

（2）设置原理图工作环境。单击菜单栏中的 Tools→Schematic Preferences 命令，系统将弹出 Preferences 对话框。原理图常规环境参数设置通过 General 标签页来实现。

原理图的图形编辑环境参数通过 Graphical Editing 标签页来设置。

5.3.4 加载元器件库

在原理图图纸上放置元器件前，必须先打开其所在的元件库。Altium Designer 常用的分立元件库 Miscellaneous Devices.Intlib 和常用接插件库 Miscellaneous Connectors.Intlib 是集合元件库中最常用的，前面谈到的 99 SE 中的库文件转换为 Altium Designer 软件的库文件也可加载进来。执行命令 Design→Add Remove Library…，弹出可用库对话框，如图 5.7 所示。

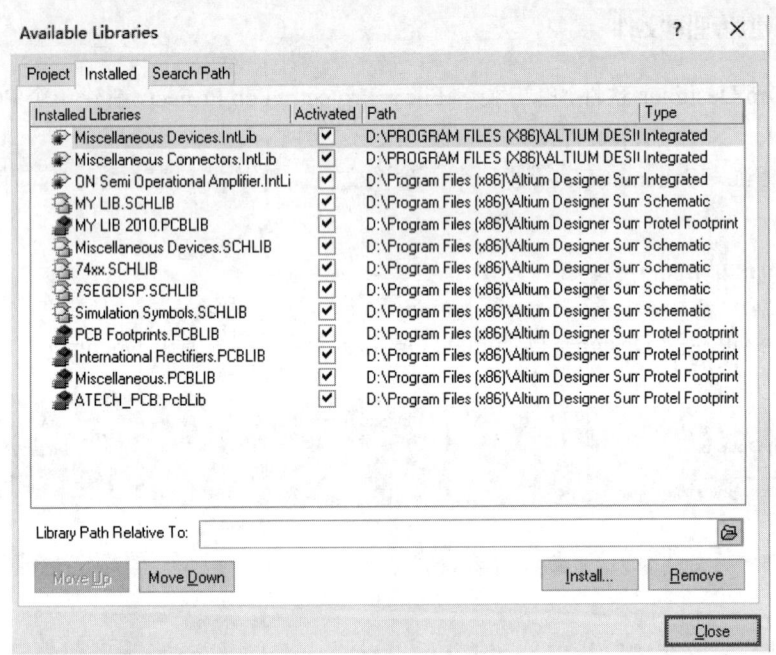

图 5.7 可用库对话框

在可用元件库对话框中，单击 Install…按钮，弹出库文件对话框，选择所需的库文件进行安装。单击 Close 按钮关闭对话框。

5.3.5 放置元件

绘制原理图的主要操作是将元件符号放置在图纸上，在元器件符号或引脚之间建立准确的电气连接。

1. 放置元件

首先选择相应的库文件。在添加的库文件中找到相应的元器件，双击选中的元器件，光标将变成十字形状并附着选中的元器件出现在工作窗口中。移动光标到合适位置，单击鼠标左键放置元器件，单击鼠标右键结束元件放置。

2. 搜索元件

Altium Designer 提供了元件搜索能力，帮助使用者在元件库中定位元件。

单击菜单栏中的 Tools→Find Component 命令，弹出 Libraries Search 窗口。在 Search in 下拉列表中，选择查找类型。

若点选 Available libraries 单选项，系统会在已经加载的元件库中查找；若点选 Libraries on path 单选项，系统会按照设置的路径进行查找。

Path 选项组用于设置查找元件路径。

Advanced 选项用于进行高级查询。单击 Search 按钮后，系统开始搜索。符合搜索条件的元件名、描述、所属库文件及封装形式在面板上列出，供用户选择。在将元件放置在图纸之前，此时元件符号可随鼠标移动。如果按下 Tab 键就可以打开 Component Properties 对话框，可在此对话框中编辑元件的属性。如果已经将元件放置在图纸上，若要更改元件的属性，可以执行命令 Edit→Change 来实现。该命令可将编辑状态切换到对象属性编辑模式，此时只需将鼠标指针指向该对象，然后单击鼠标左键，即可打开 Component Properties 对话框。另外，还可以直接在元件的中心位置双击元件，也可以弹出 Component Properties 对话框。

5.3.6 连接线路

原理图设计的电气对象包含元件与连接要素，例如导线、总线、连接端口。原理图中这些对象用来产生网络表，网络表在不同的设计工具中起到传递电路和连接信息作用。

选择放置电气连接线工具按钮或执行 Place→Wire。需要指出的是不要错误地使用 Place→Line 指令。

在原理图的绘制过程中，元件之间的电气连接还可通过设置网络标号的方法来实现。

使用电路的输入/输出端口，相同名称的输入/输出端口在电气关系上是连接在一起的。在层次原理图的绘制过程中经常用到这种电气连接方法。

总线可以图形化地表现一组具有相同性质的并行信号线的组合，如数据总线、控制总线等的组合。总线和导线之间的连接通过总线分支来实现，总线的网络标号格式一般标注为 D[0…7]。原理图编辑环境下的总线没有电气连接意义，仅仅是为了绘图方便而采用的一种简化连线的表现方式。

5.3.7 报表输出

为了方便原理图的浏览，经常需要将原理图打印到图纸上。单击 File→Print 命令，可打印原理图。绘制原理图最主要的目的是得到最终的 PCB 板图，而网络表恰好就是联系电路原理图和印制电路板之间的桥梁和纽带。

1. 设置网络列表选项

执行菜单命令 Project→Options，单击顶部的 Options 标签，显示 Options 标签页内容。Net Identifier Scope 选项，指定网络标识的认定范围。单击按钮 ，可从下拉列表中选取 Automatic (Based on project contents)选项，如图 5.8 所示。

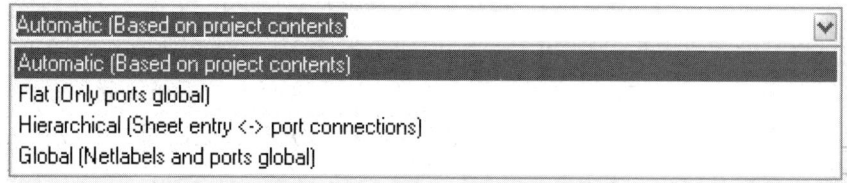

图 5.8　选择网络标识的认定范围

2. 创建项目网络表

单击菜单命令 Design→Netlist From Project→Protel，即在本项目路径下产生网络表文件。双击该网络表文件，即可查看网络表内容，如图 5.9 所示。

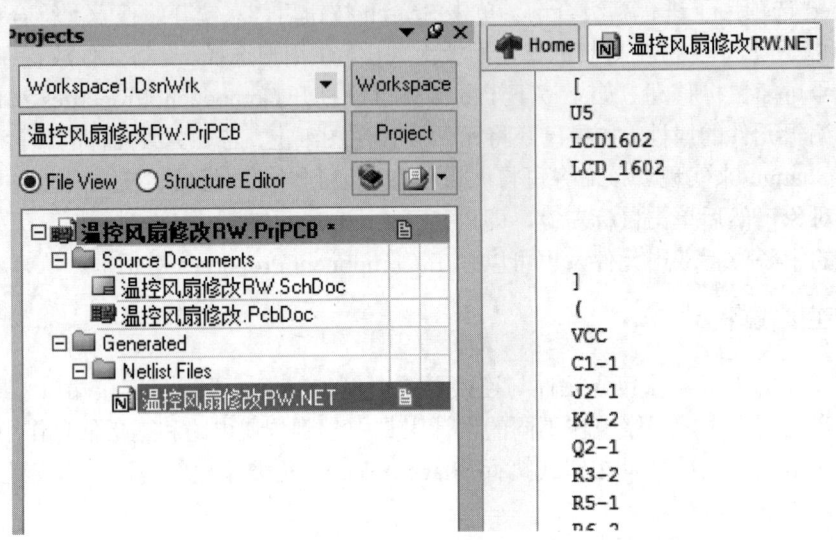

图 5.9　Projects 面板中的"温控风扇修改 RW.NET"文件

网络表的内容由两部分组成：一部分是元件数据信息，包括元件流水号、元件类型及封装信息等；另一部分是网络连接信息。在结构上大致分为元件描述和网络连接描述两部分。网络定义以"("开始，以")"结束，将其定义的网络的各端口内容包含在内。

3. 产生元件列表

元件列表主要来列出当前项目中用到的所有文件标识、封装形式、元件库中的名称等，相当于一份元件清单，可供用户作为采购的参考。

打开原理图文件，执行 Reports→Bill of Material 命令。执行该命令后，系统会弹出项目的 BOM(Bill of Material)窗口，在此窗口中可以看到原理图的元件列表。如果单击 Export 按钮，则可以将元件列表导出。此时系统会弹出导出项目的元件表对话框，选择设计者需要导出的一个类型即可。

5.4　印刷电路设计

印制电路板种类很多，根据布线层次可分为单面电路板（简称单面板）、双面电路板（简称双面板）和多层电路板，目前单面板和双面板的应用最为广泛。

用户在做设计时需要先新建一个工程，然后再新建原理图和 PCB，这样系统才能在原理图编译通过后将元件网络表导入到 PCB；如果不新建工程而单独新建原理图或 PCB，软件将不能自动将原理图的元件网络表导入到 PCB，它会认为这两个是不相关联的自由文件。而在同一个工程下的原理图和 PCB 文件，软件会认为其是关联文件，文件间可进行许多交互式操作，给我们设计带来方便。

5.4.1 新建 PCB 文件

规划 PCB 有两种方法：一是利用 Altium Designer 提供的向导工具生成；二是手动设计规划电路板。

1. 方法一：使用 PCB 向导创建新的 PCB 文件

单击 Altium Designer 工作区底部的 File 按钮，在 Files 面板的 New from Template 单元单击 PCB Board Wizard 命令，启动 PCB 向导。单击 Next 按钮，出现度量单位对话框。默认的度量单位为英制（Imperial），也可以选择公制单位（Metric）。二者的换算关系为：1inch=2.54cm。

单击 Next 按钮，选择自定义电路板的轮廓和尺寸，即选择 Custom。

单击 Next 按钮，将会弹出如图 5.10 所示 Choose Board Details（选择板参数）设置对话框。Outline Shape 确定 PCB 的形状，有矩形（Rectangular）、圆形（Circular）和自定义形三种。Board Size 定义 PCB 的尺寸，在 Width 和 Height 栏中键入尺寸即可。

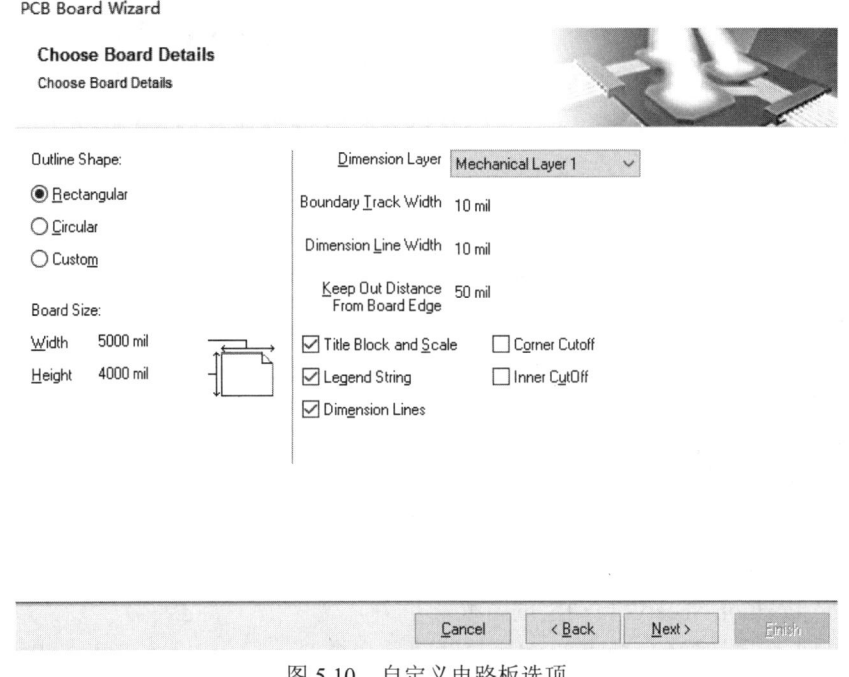

图 5.10 自定义电路板选项

单击 Next 按钮，显示电路板层数设置对话框，设置信号层（Signal Layers）数和电源层（Power Planes）数。信号层设置为 2 层，电源层设置为 0。

单击 Next 按钮，向导显示导孔类型选择对话框，选择穿透式导孔（Thruhole Vias）。

单击 Next 按钮，设置元件和布线技术对话框，该对话框包括两项设置：

电路板中使用的元件是表面安装元件（Surface-Mount Components）还是穿孔式安装元件（Through-Hole Components）。如果 PCB 中使用的是穿孔式安装元件，则要设置相邻焊盘之间的导线数。

单击 Next 按钮，将会弹出 Choose Default Track and Via Sizes（默认导线和过孔尺寸）设置对话框。主要设置导线的最小宽度、导孔的尺寸和导线之间的安全距离等参数。鼠标左键单击要修改的参数位置即可进行修改。

单击 Next 按钮,将会启动 PCB 编辑器。PCB 编辑区会出现设计好的 PCB,单击 File→Save As,命名新建的 PCB 板文件,完成创建 PCB 新文档的工作,如图 5.11 所示。

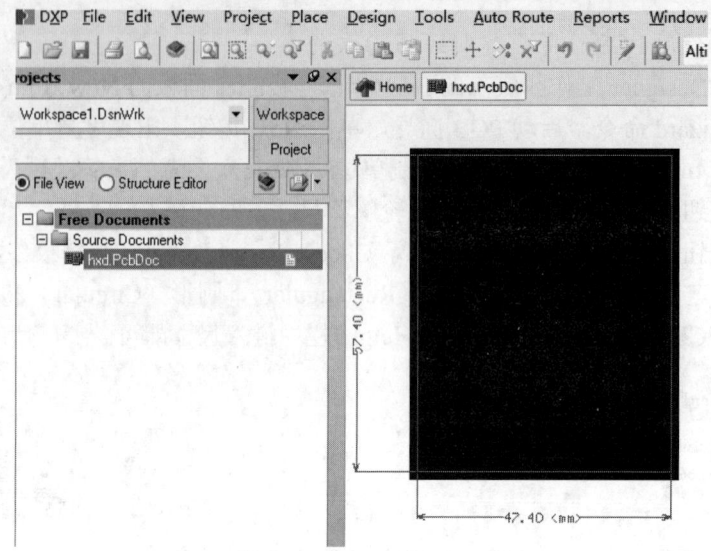

图 5.11　向导生成的 PCB 板

2. 方法二：手动规划电路板

（1）执行菜单命令 File→New→PCB,新建 PcbDoc 文件,此时在 PCB 编辑区会出现空白的 PCB 图纸。

（2）设置 PCB 物理边界。PCB 板物理边界就是 PCB 板的外形。执行菜单 Design→Board Shape,子菜单中包含以下几个选项：

- Redefine Board Shape：重新定义 PCB 板外形。
- Move Board Vertices：移动 PCB 板外形顶点。
- Move Board Shape：移动 PCB 板外形。
- Define from Selected Objects：从选中物体定义 PCB 板外形。
- Auto-Position Sheet：自动定位图纸。

将当前的工作层切换到 Mechanical1,执行菜单命令 Design→Board Shape→Redefine Board Shape,光标呈十字形状,系统进入编辑 PCB 板外形状态,绘制一个封闭的矩形,设置了物理边界。

如果要移动 PCB 板的外形顶点。执行菜单命令 Design→Board Shape→Move Board Vertices,将鼠标移动到板子边缘需要调整的地方,单击左键,可将 PCB 板的边界点进行拉伸,移动端点到目标位置,再单击鼠标左键进行确定。这样依次单击鼠标左键进行调整,直到完成 PCB 板各外形顶点的确定。

（3）设置 PCB 板电气边界。PCB 板的电气边界用于设置元件以及布线的放置区域范围,它必须在 Keep Out Layer（禁止布线层）绘制。方法是：首先将 PCB 编辑区的当前工作层切换为 Keep Out Layer,然后执行 Place→Keep Out→Track 命令,绘制一个封闭图形即可,如图 5.12 所示。

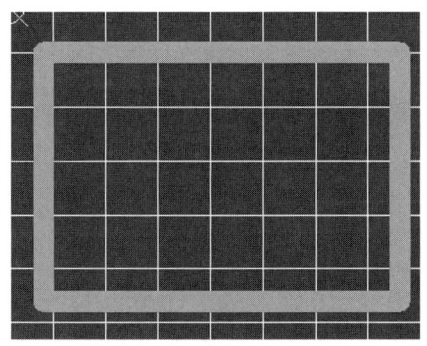

图 5.12 设置 PCB 板电气边界

5.4.2 印制电路板 PCB 工作层管理及选项设置

1. 印制电路板工作层管理

（1）设置板层结构。执行菜单命令 Design→Layer Stack Manager，弹出如图 5.13 所示 Layer Stack Manager（板层堆栈管理器）对话框。

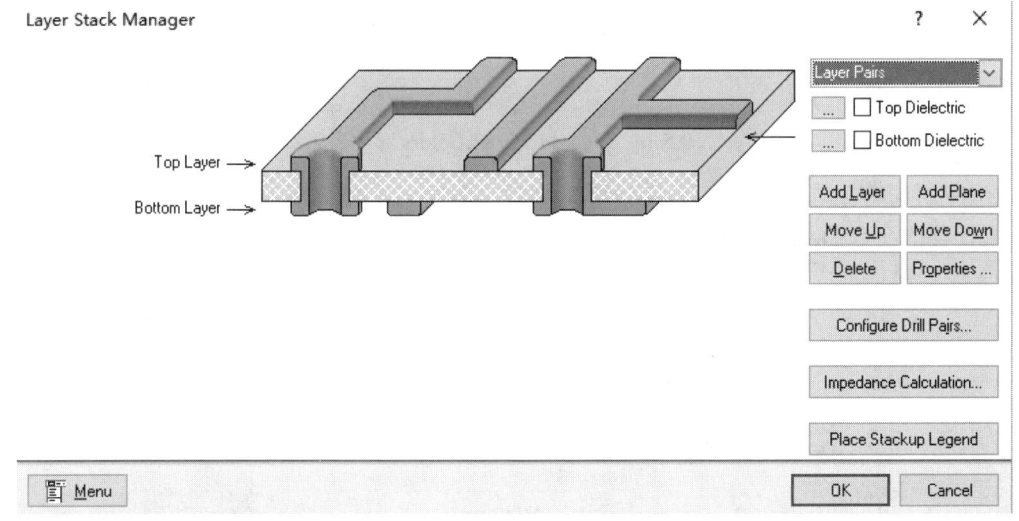

图 5.13 Layer Stack Manager 对话框

在板层堆栈管理器中可以选择 PCB 板的工作层面，设置板层的结构和叠放方式。默认为双面板设计，即给出了两层布线层，即顶层和底层。

（2）定义层和设置层的颜色。PCB 编辑器是一个多层环境，使用 Board Layers&Colors 对话框可以显示以及设置层的颜色。执行主菜单命令 Design\Board Layers&Colors，弹出如图 5.14 所示 Board Layers&Colors（板层和颜色）设置对话框。

对话框中共有 7 个选项区域，分别对 Signal Layers（信号层）、Internal Planes（内层）、Mechanical Layers（机械层）、Mask Layers（阻焊层）、Silkscreen Layers（丝印层）、Other Layers（如 Multi-Layer）和 System Colors（系统颜色）进行颜色设置。每项设置中都有 Show 复选项，决定是否显示。单击对应颜色图示，将弹出 Choose Color（颜色选择）对话框，可在其中进行颜色设定。

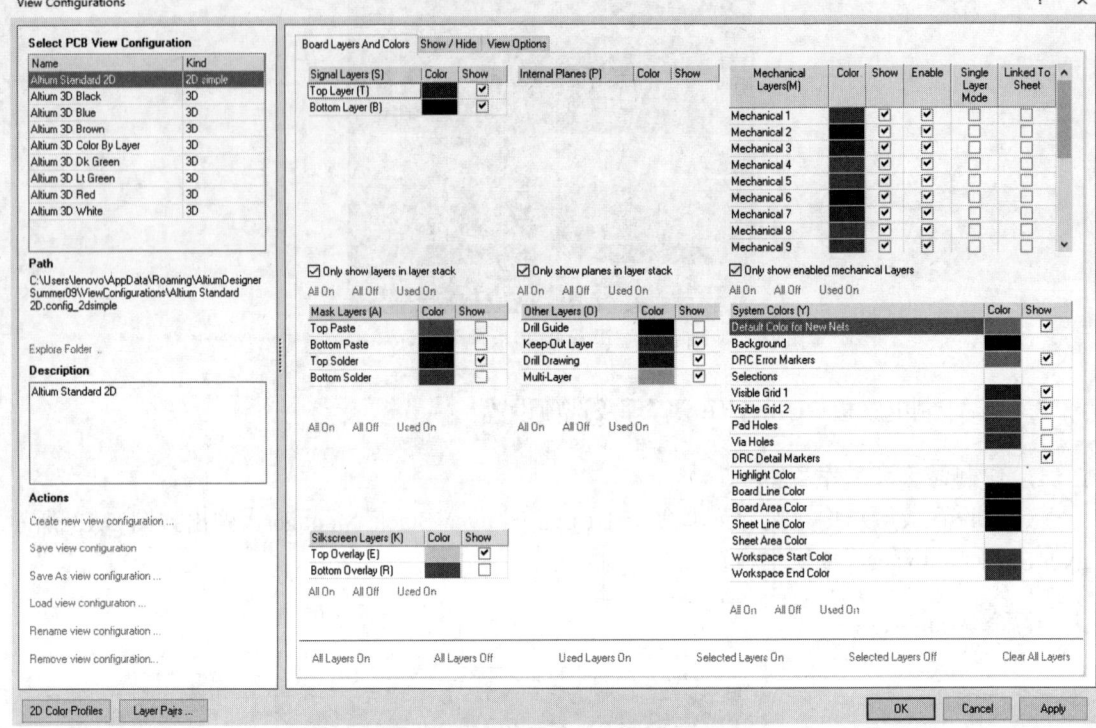

图 5.14 Board Layers&Colors 对话框

2. 印制电路板选项设置

执行菜单命令 Design→Broad Options，将弹出如图 5.15 所示 Broad Options 对话框。Board Options 设置对话框中共有 6 个选项区域。

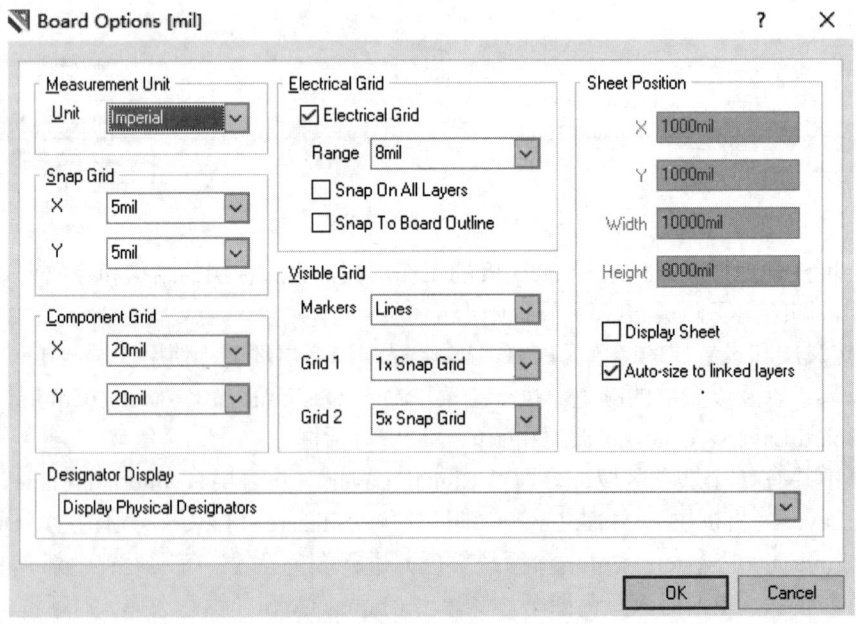

图 5.15 Broad Options 对话框

（1）Measurement Unit：度量单位。单击下拉选项，可选择 Imperial（英制）或 Metric（公制）。

（2）Snap Grid：捕获栅格。指光标每次移动距离，可分别设置 X、Y 方向的捕获栅格间距。

（3）Component Grid：元件栅格。用来设置元件移动的间距，默认选择为 20mil。

（4）Electrical Grid：电气栅格。用于对一定范围内的电气点进行搜索，选中 Electrical Grid 复选框表示具有自动捕捉焊盘的功能。Range（范围）用于设置捕捉半径。在布置导线时，系统会以当前光标为中心，以 Range 设置值为半径捕捉焊盘。一旦捕捉到焊盘，光标会自动移到该焊盘上。

（5）Visible Grid：可视栅格。指工作区上看到的网格（由几何点或线构成），其作用类似于坐标线。选项区域中的 Markers 选项用于选择图纸上所显示栅格的类型，包括 Lines（线状）和 Dots（点状）。Grid1 和 Grid2 分别用于设置可见栅格 1 和可见栅格 2 的值。

（6）Sheet Position：图纸位置。用于设置 PCB 板左下角 X 坐标和 Y 坐标的值；Width 设置图纸的宽度，Heigh 设置图纸的高度。

5.4.3 元件封装库的操作

1. 加载元器件封装库

由于 Altium Designer 采用的是集成元件库，在进行原理图设计的同时便装载了元件 PCB 封装模型，一般可以省略该项操作。但 Altium Designer 同时也支持单独的元件封装库，只要 PCB 文件中元件的封装不是在集成的元件库中，用户就必须加载该元器件封装库。

（1）调出元件封装管理器。单击编辑区右边 Libraries 标签或者单击编辑区下方 System 标签，选择 Libraries，即可调出元件封装管理器。

（2）单击 Libraries 工作面板上的上方的 Libraries 按钮，弹出 Available Library 对话框。单击该对话框上方 Installed 标签，显示出当前已经加载的元件库。

其中 Type 一项的属性为 Integrated，表示是 Altium Designer 的整合集成库，后缀名为.IntLib。选中组件库，单击 Move Up 或 Move Down 按钮可上移或下移；单击 Remove 按钮，可以将该元件库移出当前的项目。

（3）单击对话框下方 Installed 按钮，将弹出选择元件库对话框。Miscellaneous Devices.IntLib 为常用的如电阻、电容等元器件库；Miscellaneous Connectors.IntLib 为常用的接插件和连接器件库。添加完所有需要的元件封装库后，单击 Close 按钮完成该操作，程序即可将所选中的元件库载入。

2. 搜索及放置元器件封装

（1）搜索元器件。例如现在要在当前库中查找 AXIAL0.4 这个封装，具体步骤如下：

1）调出元件封装管理器，单击"…"按钮，选中 Footprints 浏览方式。

2）在搜索关键字栏中输入 AXIAL0.4，单击 Search 进行查找。

另一种情形是不知道该封装在哪个库中，则在 Scope 选项中选择 Available Libraries，用来设置查找的范围。设置完成后，单击 Search 按钮即可开始查找。

（2）放置元器件。在元件封装管理器中选中某个组件，单击上方 Place 按钮，即可在 PCB 设计图纸上放置该组件。在元件封装放置状态下，按键盘 Tab 键，或者放置好后双击该元件，即可打开元件属性对话框。

5.4.4 单面印制电路板的手工设计

本节以 7805 稳压电路为例，介绍单面 PCB 板的手工设计基本方法。

（1）首先创建一名称为 7805 的文件夹，以便将后续操作的各种文件都保存在该文件夹下。

（2）新建项目和原理图。单击菜单 File→Project→Pcb Project，新建一个 PCB 绘图工程。再单击菜单 File→Save Project As，保存为 7805.PrjPCB 文件。

单击菜单 File→Schematic，新建一个原理图文件。再单击 File→Save As，保存为 7805.SchDoc 文件。

（3）绘制原理图。绘制正确的原理图，如图 5.16 所示。

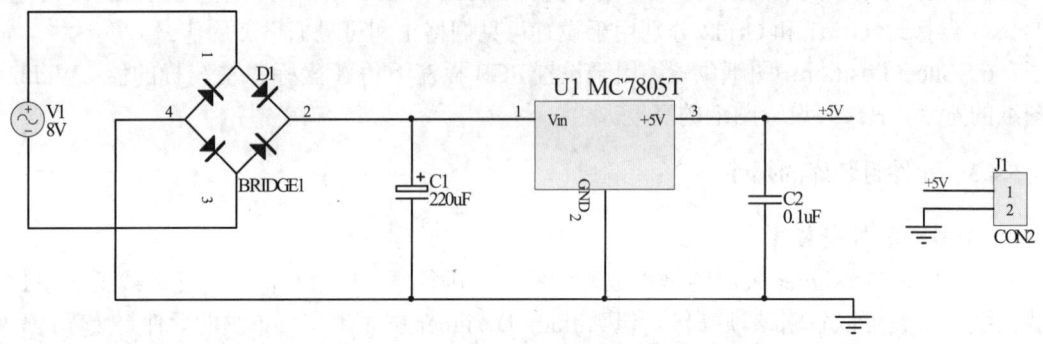

图 5.16　7805 稳压电路

（4）创建 PCB 文件。利用 PCB 向导创建外观大小为 43mm×25mm 的矩形单面印制电路板，命名为 7805.PcbDoc 文件，如图 5.17 所示。

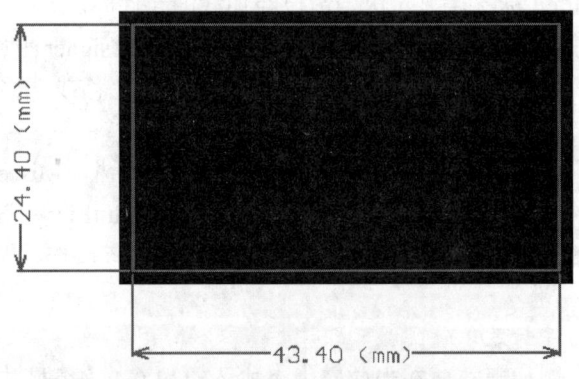

图 5.17　43mm×25mm 的矩形单面印制电路板

（5）载入网络表。正确装载元件封装库后即可导入网络表，将原理图的信息导入到印制电路板设计系统中。操作步骤如下：

1）使用从原理图到 PCB 板自动更新功能。单击 7805.PcbDoc 文件，执行菜单 Design→Import Changes From 7805.PrjPCB，这时将弹出 Engineering Change Order 对话框，如图 5.18 所示。当然在原理图中，也可使用 Design→Update PCB Document 命令，进入 Engineering Change Order 对话框。

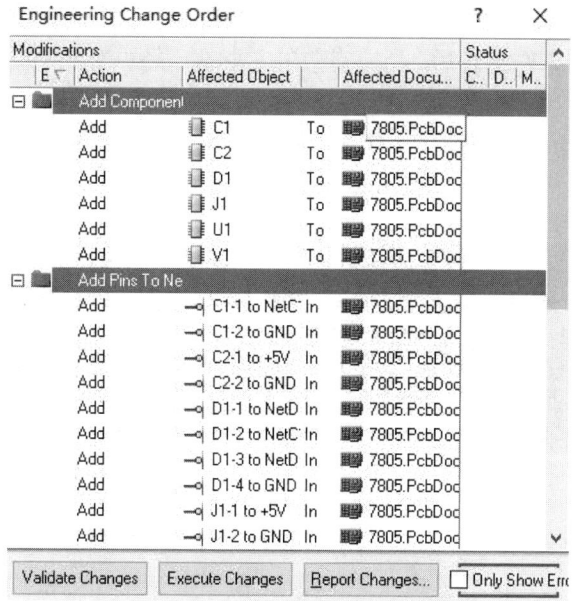

图 5.18　Engineering Change Order 对话框图

2）单击对话框中 Validate Changes 按钮，系统将检查所有的更改是否都有效。如果有效，将在右边 Check 栏对应位置以绿色的"√"表示；如果有错误，Check 栏将显示红色错误标识，以红色的"×"表示。一般的错误都是由于元件封装定义错误或者设计 PCB 板时没有添加对应元件封装库造成的。根据检查验证结果，重新更改原理图中或元件封装等存在的错误，直到检查通过为止。

3）单击 Execute Changes 按钮执行变化。系统将执行所有的更改操作，执行结果如图 5.19 所示。如果 Engineering Change Order 存在错误，则装载不能成功。

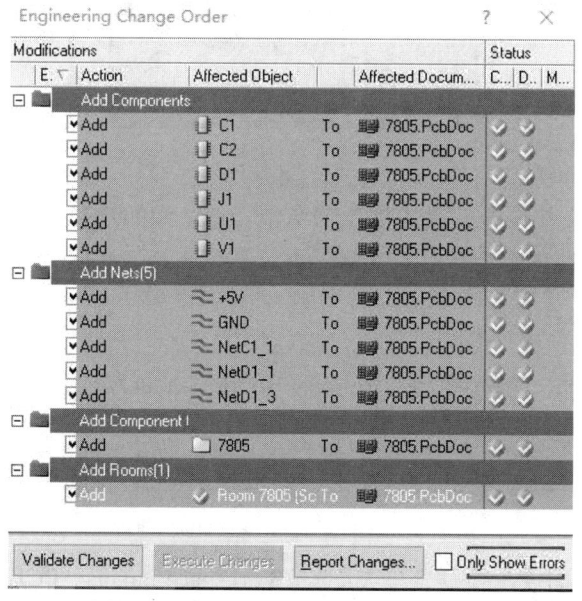

图 5.19　将执行所有的更改操作的界面

4）单击 Close 按钮，元器件和网络将添加到 PCB 编辑器中，如图 5.20 所示。

（6）元件布局。导入网络表后，所有有效的元器件已经更新到 PCB 板上，如图 5.20 所示。图中元件布局明显不够合理，对于复杂电路，甚至无法完成布线操作。合理的布局是 PCB 板布线的关键。Altium Designer 提供了两种布局方法，一种是手工布局，一种是自动布局，先介绍手工布局方法。

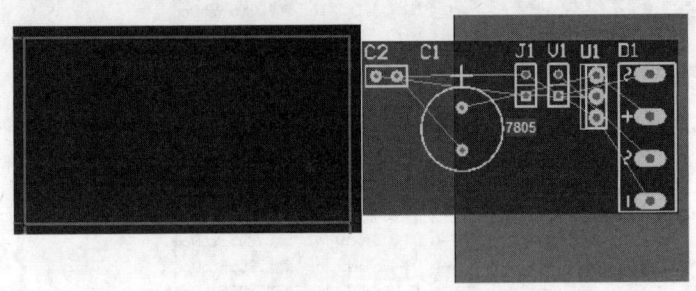

图 5.20　元器件和网络添加到 PCB 编辑器

手工布局的操作方法是：用鼠标左键单击 PCB 图中的元件对象，按住鼠标左键不放，将该对象拖到 PCB 板中的 Keep Out 区域框的合适的位置，然后释放即可。如果需要旋转，可按空格键。如果需要精确的旋转角度，可双击元器件封装，弹出元件的 Component 对话框，在 Component Properties 区域内的 Rotation 选项中输入旋转角度。布局好后，删除棕红色的 Room 区域。选择 PCB 图中的 Top Overlay 层，执行 Place→String 命令，按 Tab 键，对话框的 Properties 选项中输入+8V，单击 OK 按钮关闭对话框，放置在 SIP-2 封装的上面。

完成对象方向布局后的效果如图 5.21 所示。

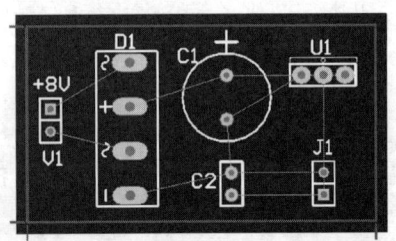

图 5.21　布局完成后的 PCB 板

（7）手工布线。布线操作就是根据原理图中元件之间的连接关系，在各元件的焊盘之间放置导线，实现所有网络的电气连接。本例中由于是单面 PCB 板设计，故只能在底层（Bottom Layer）布线。

单层板手工布线是在底层各元件焊盘间按连接关系放置导线。其操作步骤如下：

1）单击工作区底部，选择当前层为底层（Bottom Layer），如图 5.22 所示。

图 5.22　选择当前层为 Bottom Layer

2）调出 PCB 工作面板，执行菜单 View→Workspace Panels→PCB→PCB，调出如图 5.23 所示左边工作面板。

3）选择网络。在 PCB 工作面板网络选择区单击 GND 网络，这时显示连接 GND 网络的所有焊盘，如图 5.23 所示。

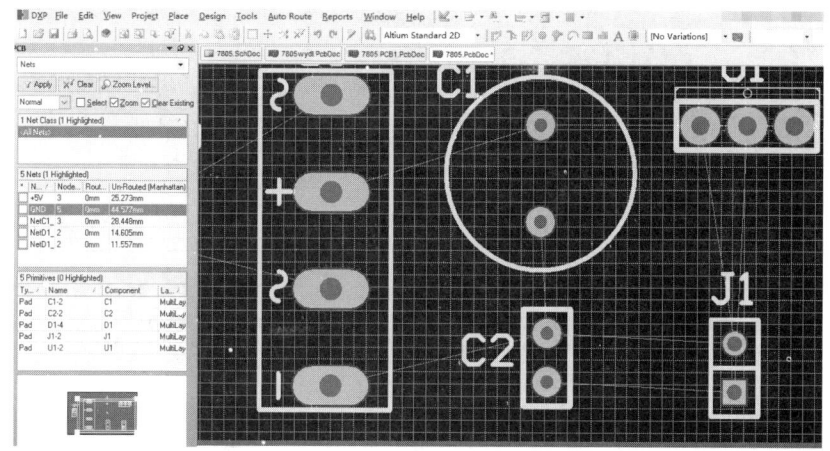

图 5.23　PCB 工作面板

4）执行菜单命令 Place→Interactive Routing 后，光标将变成十字形状，表示处于导线放置模式。

5）放置导线的起点。将光标放在 D1 的 4 号焊盘上，单击鼠标左键或按键盘 Enter 键确定导线的起点。放置导线过程中按下键盘 Tab 键，可弹出导线属性对话框，修改线宽，如图 5.24 所示。在 Routing Width Constraints 设置中，单击 Edit Width Rule 按钮，出现图 5.25 对话框。在 Constraints 中，可对 Preferred Width 与 Max Width 进行线宽设置。移动光标到 C2 的 2 号焊盘，按键盘 Space 键可以切换要放置的导线的 Horizontal（水平）、Vertical（垂直）、45°放置模式。按照飞线的引导，完成 GND 网络的布线。之后再按照上述方法完成+5V、NetC1_1、NetD1_1、NetD1_3 网络布线。手动布线完成后如图 5.26 所示。

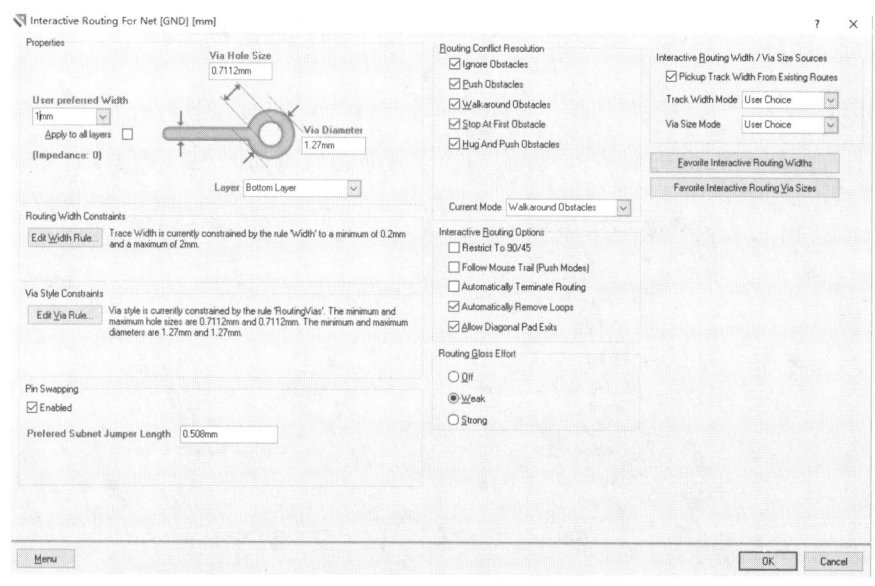

图 5.24　导线属性对话框

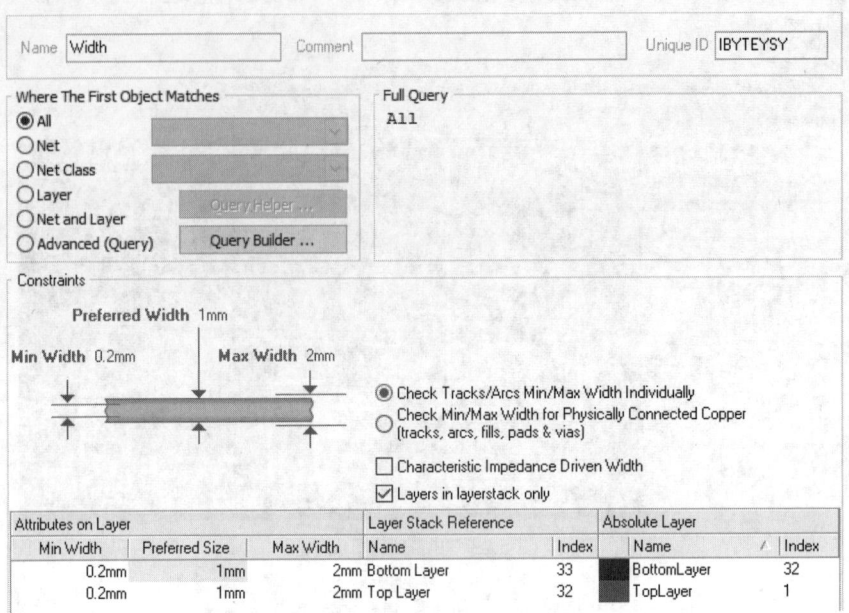

图 5.25　Max-Min Width Rule 对话框

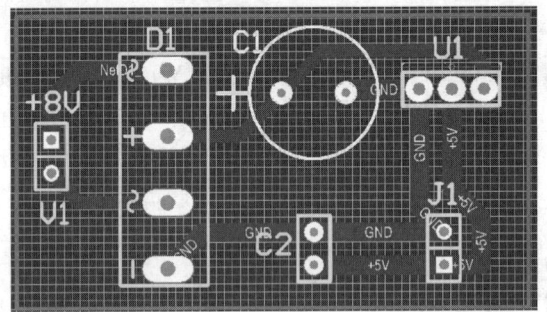

图 5.26　手动布线的 PCB 板

（8）添加泪滴。

1）执行 Tools→Teardrops 命令，弹出泪滴设置对话框，如图 5.27 所示。

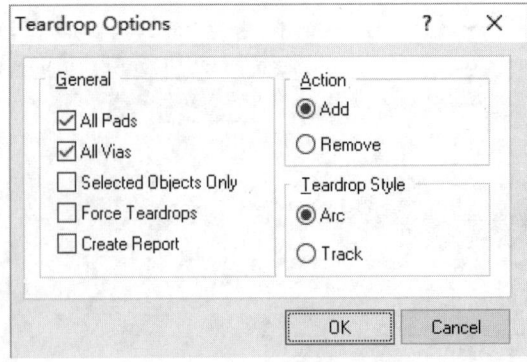

图 5.27　泪滴设置对话框

2）在 General 设置栏中，如果选择 All Pads，将对所有的焊盘放置泪滴；如果选择 All Vias，将对所有的过孔放置泪滴；如果选择 Selected Objects Only，将只对所选择的元素所连接的焊盘和过孔放置泪滴。

在 Action 设置栏中，Add 单选按钮表示此操作将添加泪滴；Remove 单选按钮表示此操作将删除泪滴。

在 Teardrop Style 设置栏中，设置泪滴的形状。

3）单击 OK 按钮，系统将自动按所设置的方式放置泪滴，局部效果如图 5.28 所示。

（9）布置多边形覆铜。为了增强系统的抗干扰能力或散热能力，需要设置较大面积的接地线区域。多边形覆铜的方法如下。

1）单击 Place→Polygon Pour 命令，打开如图 5.29 所示 Polygon Pour 对话框。

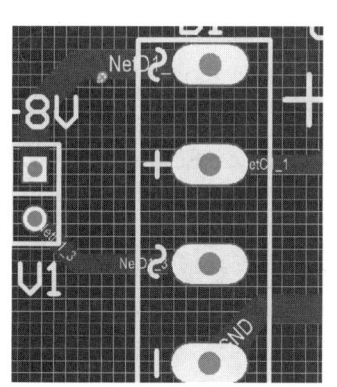

图 5.28　加泪滴后的局部

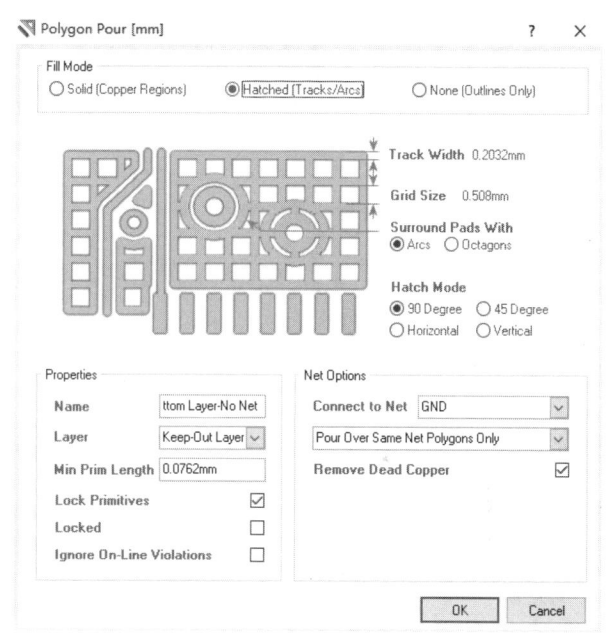

图 5.29　Polygon Pour 对话框

Polygon Pour 的对话框选项功能如下：

①Fill Mode 区域用来设置多边形覆铜区域的形状，Solid 表示覆铜区域是实心的，Hatched 表示覆铜区域是网状的，None 表示覆铜仅有轮廓。

②Track Width 文本框用于设置多边形覆铜区域中栅格连线的宽度。如果连线宽度比栅格尺寸小，多边形覆铜区域是栅格状的。如果连线宽度比栅格尺寸大，多边形覆铜区域是实心的。

③Grid Size 用于设置多边形覆铜区域中栅格尺寸。

④Surround Pads With 选项中，Arcs 单选项表示采用圆弧围绕焊盘，Octagons 单选项表示采用八角形围绕焊盘。

⑤Hatch Mode 选项用于设置多边形覆铜中填充栅格的式样。

⑥Properties 区域用于设置多边形覆铜的性质。

⑦Net Options 区域用于设置多边形覆铜中的网格。其中各选项功能如下：

Connect to Net 下拉列表用于选择与多边形覆铜区域相连的网络，一般选择 GND。

Connect to Net 下面的下拉列表中有 3 个选项，选择 Pour over Same Net Polygons Only，覆铜将与相同网络的铜箔融合在一起，与相同网络上的焊盘相连。

Remove Dead Copper 复选框，选中复选框，系统会自动移去死铜。

2）移动光标，在长方形的起点单击鼠标，定义开始的起点。

3）移动光标，持续在长方形的折点处单击，确定多边形的边界，直到多边形覆铜边界定义完成，单击鼠标右键退出该模式，完成覆铜，如图 5.30 所示。

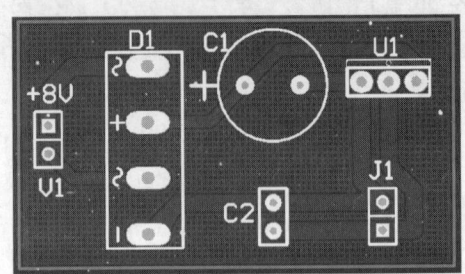

图 5.30 覆铜效果图

5.4.5 印制电路板的自动布线

下面以第 3 章数字钟电路为例，来讲述如何进行印刷电路的自动布线。

（1）首先新建 PCB 绘图工程项目，再单击菜单 File→Save Project As，保存为 Digital_Clock.PrjPCB 的文件。以便维护和管理该电路的所有设计文档。

（2）单击菜单 File→Schematic，新建一个原理图文件。再单击 File→Save As，保存为名为 Digital_Clock.SchDoc 的文件。图 5.31 所示为秒分时数字钟显示电路的原理图。

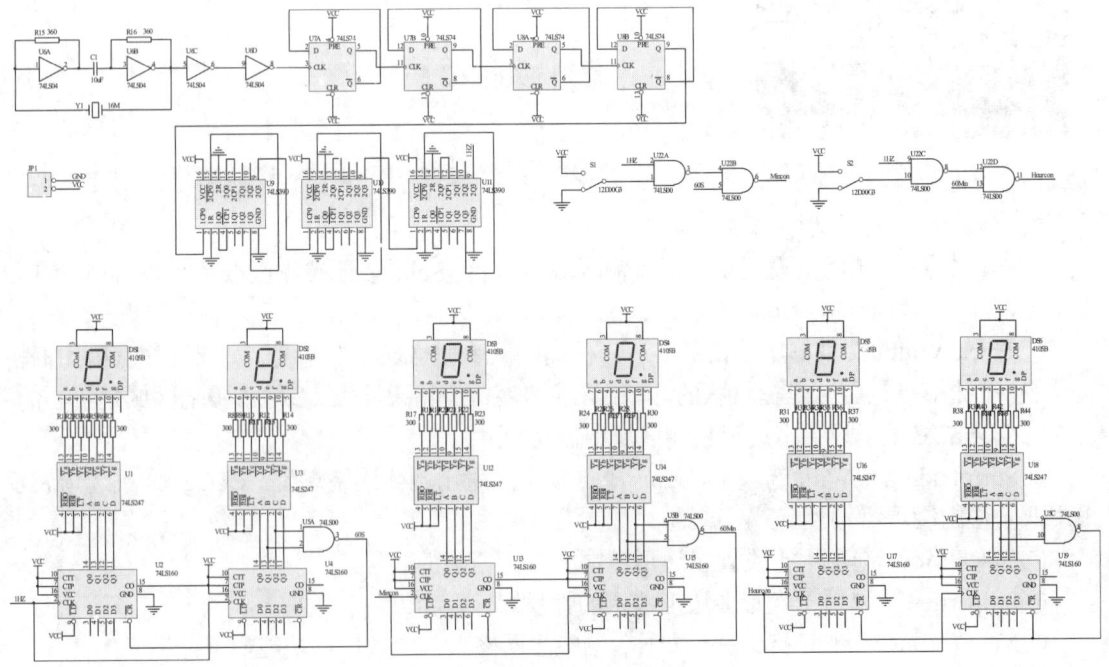

图 5.31 数字钟电路的原理图

结合元件的实际外形和引脚情况，确定合适的元件清单见表 5.1。

表 5.1 数字钟电路元件清单

元件类型	元件号	元件封装	封装库	数量
无极性电容 C	C1	RAD0.1	Cap	1
数码管 DS	DS1，DS2，DS3，DS4，DS5，DS6	SMG	自制	6
连接座 JP	JP1	KF301-2P	HEADER 2	1
电阻 R	R1~R15；R1~R44	AXIAL0.3	RES 1	42
电阻 R	R15，R16	AXIAL-0.4	RES2	2
拨动开关 S	S1，S2	SW-3	自制	2
芯片 74LS247	U1，U3，U12，U14，U16，U18	DIP-16	74LS247_1	6
芯片 74LS160	U2，U4，U13，U15，U17，U19	DIP-16	74LS160	6
芯片 74LS00	U5，U22	DIP-14	74LS00	2
芯片 74LS04	U6	DIP-14	74LS04	1
芯片 74LS74	U7，U8	DIP-14	74LS74	2
芯片 74LS390	U9，U10，U11	DIP-16	74LS390	3
晶振 16M	Y1	JINGZHEN	自制	1

绘图中，要注意设置元件的一些参数，如图 5.32 所示，元器件 74LS390 的 Component Properties 对话框中，需设置 Designator、Comment、Footprint 等参数。

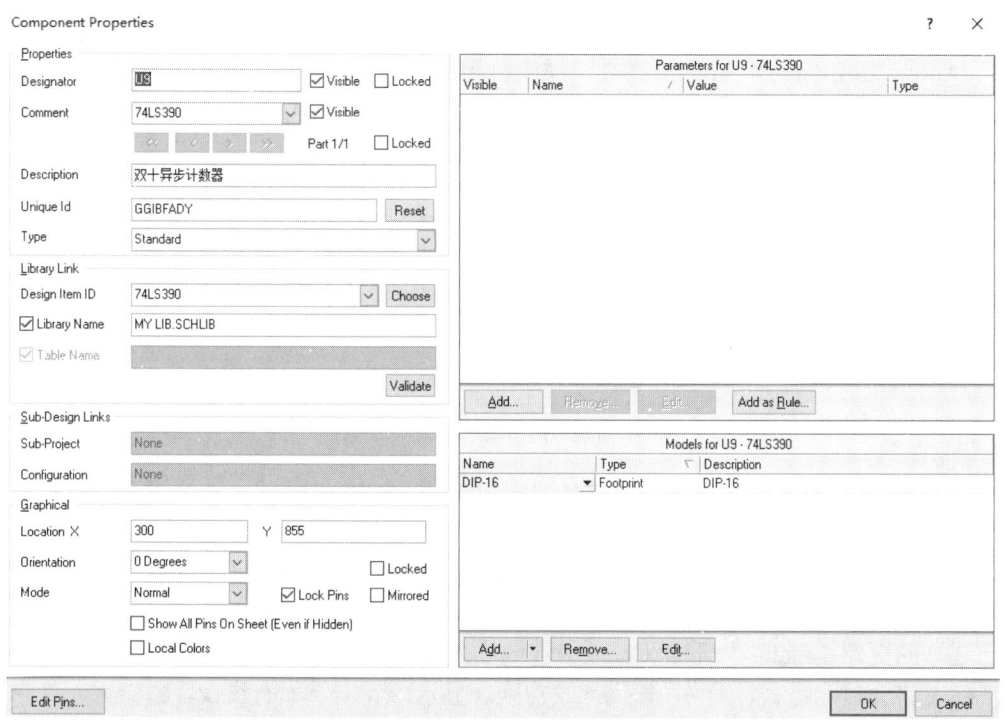

图 5.32 Component Properties 的对话框

（3）在 PCB 绘图工程项目中新建 PCB 文件，命名为 Digital_Clock.Pcbdoc。

（4）设置电路板禁止布线区。

设置电路板禁止布线区就是确定电路板的电气边界。电气边界用来限定布线和元件放置的范围。它是通过在禁止布线层上绘制边界来实现的。

Keep-Out Layer 是 PCB 编辑中用来确定有效放置和布线区域的特殊工作层。在 PCB 的自动编辑中，所有信号层的目标对象和走线都被限制在电气边界内，即禁止布线区内才可以放置元件和导线。

1）切换工作层。将当前工作平面切换到禁止布线层（Keep-Out Layer）。

2）确定 PCB 的电气边界。执行菜单 Place→Line，画一个 145mm×97mm 矩形封闭区域，画完如图 5.33 所示。

图 5.33　电气边界设置

（5）载入网络和元件封装。

1）Altium Designer 同 Protel 99 SE 一样支持用网络表文件做媒介，可将原理图元件封装、元件连接关系传递给 PCB 文件。但 Altium Designer 可直接通过 Design→Import Changes From *.Prjpcb 实现网络与元件封装、电气模型的载入，如图 5.34 所示。

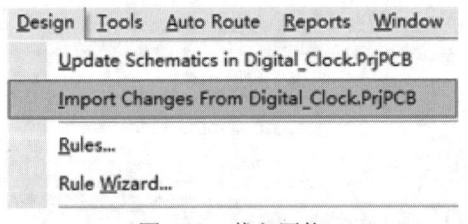

图 5.34　载入网络

当然在原理图中，也可使用 Design→Update PCB Document 命令，这一使用方法请参阅前面所举的单面板设计例子。

2）执行命令后，进入 Engineering Change Order 对话框。在弹出的 Engineering Change Order 对话框中，单击 Validate 按钮，验证一下有无不妥之处，再单击 Execute Changes 按钮，应用所有已选择的更新。Status 栏下的 Check 和 Done 列将显示检查更新和执行更新后的结果。如果出现问题将会显示错误符号❌，若执行成功则会显示✓符号。如有错误，则检查元件封装是否正确，元器件库是否添加，然后再重新执行。没有问题后，应用更新后的 Engineering Change

Order 对话框如图 5.35 所示，导入原理图信息的 PCB 板文件的工作区完成后的效果如图 5.36 所示。

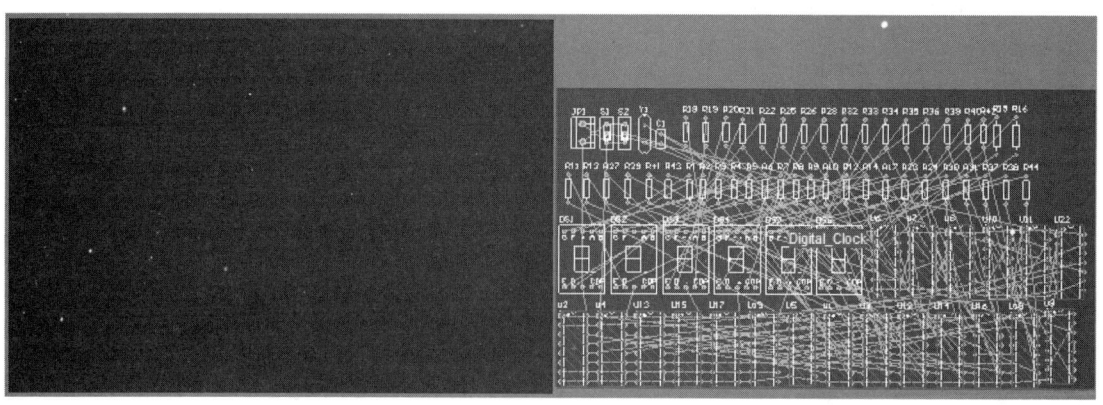

图 5.35 应用更新后的 Engineering Change Order 对话框

图 5.36 导入网络后 PCB 工作区的内容

（6）设计自动布线规则（Design Rule）。执行菜单 Design→Rules，打开如图 5.37 所示的 PCB Rules and Constraints Editor（PCB 规则和约束编辑）对话框。

"PCB 规则和约束编辑"对话框采用的是 Windows 资源管理器的树状管理模式，左边是规则种类，单击左边的"+"，可展开规则。在每类规则上单击右键都会出现如图 5.37 所示的子菜单，用于 New Rule（建立规则）、Delete Rule（删除规则）、Import Rules（导入规则）、Export Rules（导出规则）和 Report（报表）等操作。右边区域显示设计规则的设置或编辑内容。

1）Component Clearance（元件间距）规则设置。该规则用来设定元件排列之间的最小间距的检测模式。单击 Component Clearance 选项，打开间距规则检测模式设定对话框，如图 5.38 所示。

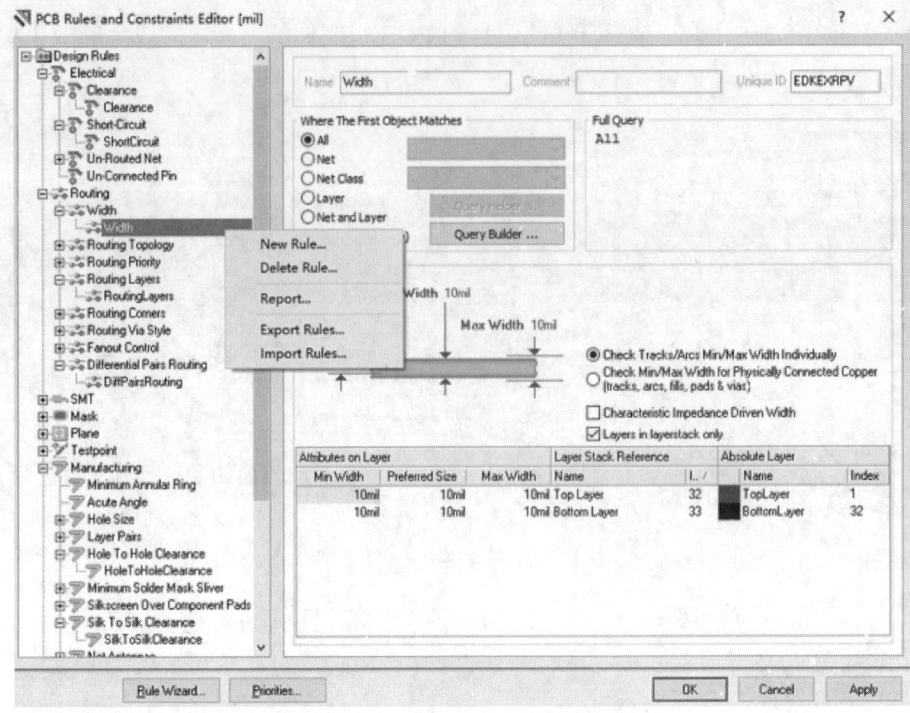

图 5.37 "PCB 规则和约束"对话框

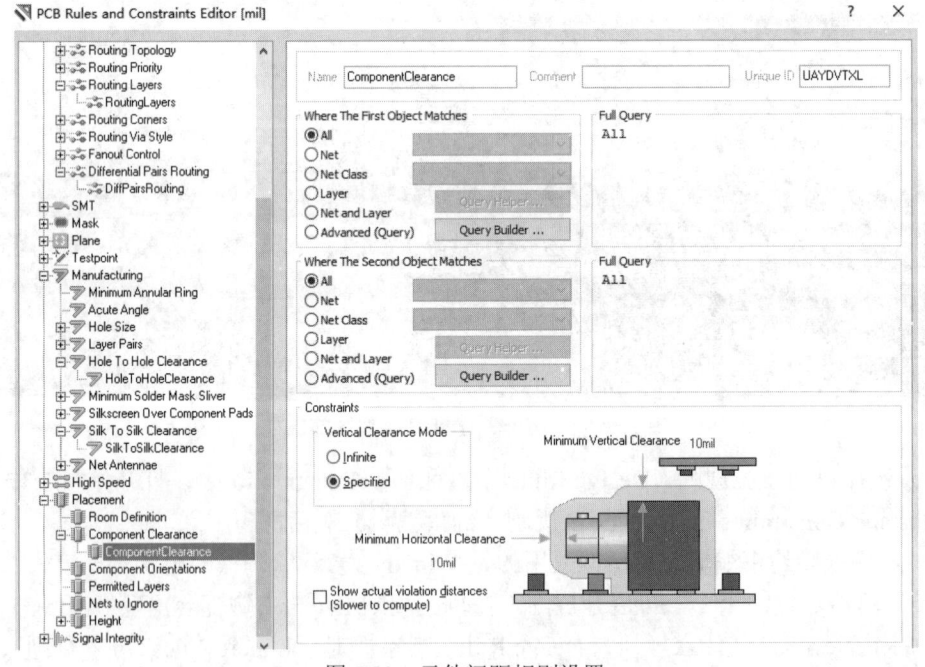

图 5.38 元件间距规则设置

2）与电气相关的设计规则（Electrical）——Clearance。Clearance 设计规则用于设定在 PCB 的设计中，导线、导孔、焊盘、矩形敷铜填充等组件相互之间的安全距离。单击 Clearance 规则，弹出如图 5.39 所示对话框。默认的情况下整个电路板上的安全距离为 10mil。

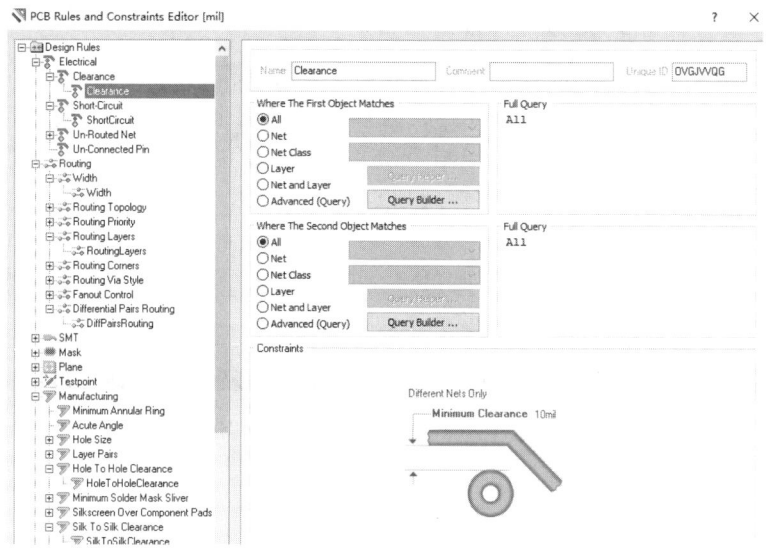

图 5.39　设置规则范围和约束特性

3）布线规则（Routing）。此类规则主要设置与布线有关的规则，是 PCB 设计中最为常用和重要的规则。下面以秒分时数字钟显示电路为例着重介绍布线规则的应用。

①Width（导线宽度）。本例要求除了电源和地线宽度为 30mil 外，其余信号线宽度为 20mil。单击 Routing 左边的"+"，展开布线规则。单击 Width（导线宽度）项，出现如图 5.37 所示的默认宽度设置。

（a）一般线宽设置。在规则范围选择 All，也就是对整个电路板都有效；在规则内容处，将最小宽度（Min Width）、最大宽度（Max Width）和最佳宽度（Preferred Width）分别设为：10mil、40mil 和 20mil。

（b）电源网络线宽设置。在图 5.37 中 Width 处单击右键，选择 New Rule，将出现的新规则 Width，重新命名为 GND，然后单击规则适用范围中的 Net 选项，选择 GND 网络，将 Min Width、Max Width 和 Preferred Width 分别设为：10mil、40mil 和 30mil，如图 5.40 所示。

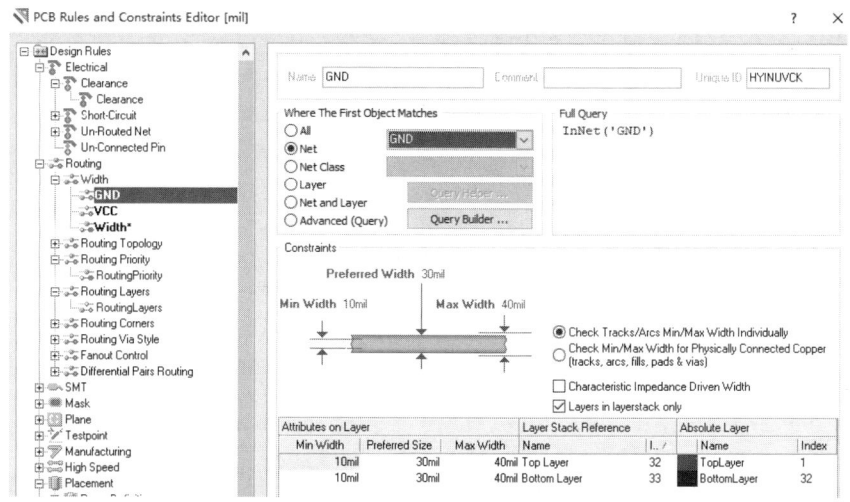

图 5.40　电源网络线宽设置

同样道理，可设置 VCC 网络的线宽规则。

（c）规则优先级设置。前面设置的三条规则中前两条和 GND 优先级是一样的，它们都比 Width 要高。可单击左下角的 Priorities 按钮进入 Edit Rules Priorities（编辑规则优先级）对话框，如图 5.41 所示。选中某条规则，单击下方的 Increase Priority（上升优先级）或 Decrease Priority（下降优先级）按钮，可以调整该规则的优先级别。

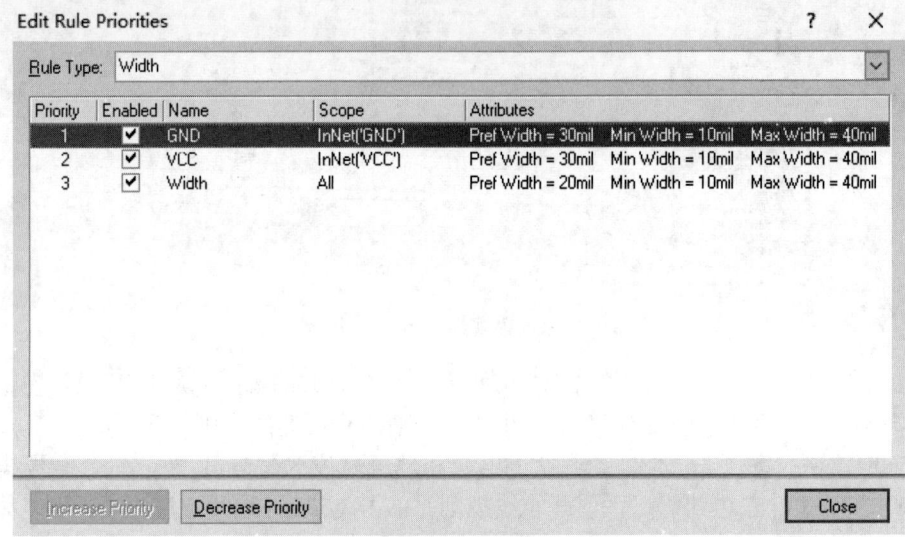

图 5.41　Edit Rules Priorities 对话框

②Routing Layers（布线层）。展开 Routing Layers 项，并点击默认的"Routing Layers"规则，如图 5.42 所示。默认选项为双面板，如果设计成单面板布线，只能底层布线，则要将 Top Layer 的 Allow Routing（允许布线）复选框取消。其余设置可采用系统默认，完成后单击 OK 按钮完成设置。

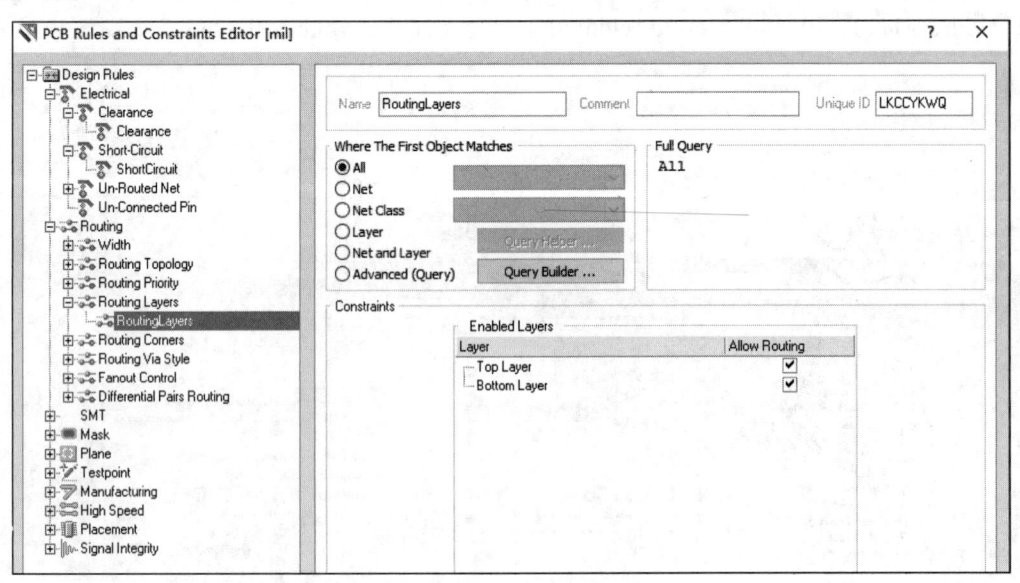

图 5.42　布线层设置

（7）元件布局。布线参数设置基本完成后，接下来就要进入元件的自动布局。在很多情况下需要手动与自动布局相结合才能达到很好的效果。Altium Designer 可进行全局布线，也可对指定的区域、网络、元件进行单独布线。

下面介绍具体的操作步骤：

1）手动布局：在电路板中选中要布局的元件，然后按住鼠标左键不放并拖动光标即可移动元件，移动过程中每按空格键一次，元件可旋转 90 度。

2）交互式布局：为了提高布局效率，可在原理图中框选住一部分元件，这时在 PCB 中相应的元件被选中，我们可以利用此功能快速将相关元件拖出，先粗布局，再细布局。

（8）运行自动布线。单击菜单 Auto Route→All，弹出 Situs Routing Strategies 对话框，然后单击 Route All 按钮，进行布线。自动布线完成结果如图 5.43 所示。

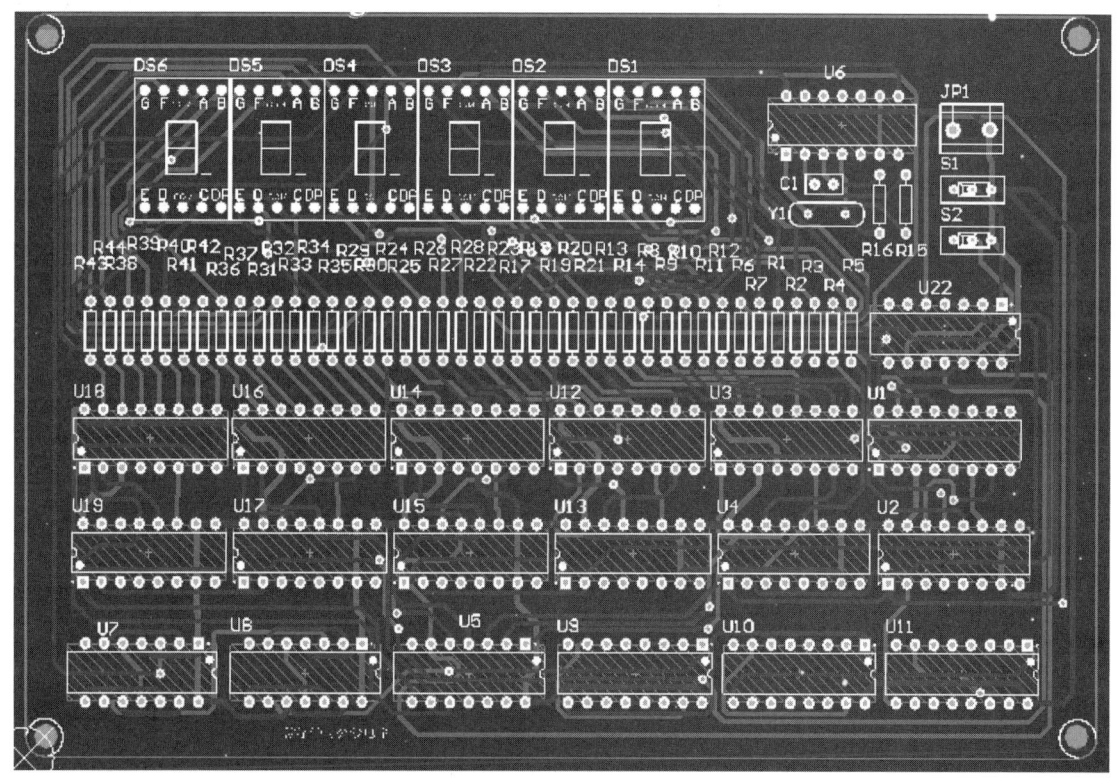

图 5.43　自动布线结果

（9）添加泪滴。打开需要放置泪滴的 PCB 板，执行 Tools→Teardrops 命令，弹出泪滴设置对话框，如图 5.44 所示。对选择的焊盘和过孔添加泪滴时，要同时选中 All Pads 和 All Vias 选项。图 5.45 所示为局部焊盘添加泪滴效果。

（10）执行命令 Design→Board Shape→Define From Selected Objects，黑色的电路板形状将根据导入的外形重新定义。

（11）放置覆铜。PCB 上覆铜通常有两种作用：一种是散热，一种是用作屏蔽来减小干扰。覆铜在放置之前需要进行相关属性的设置。

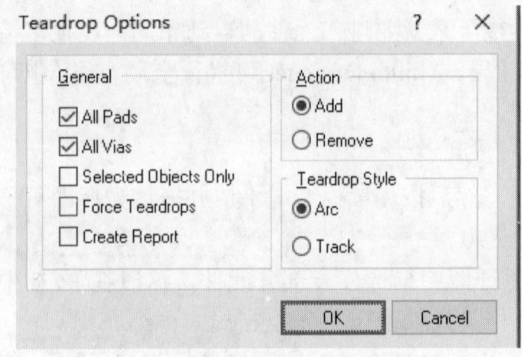
图 5.44 泪滴设置对话框

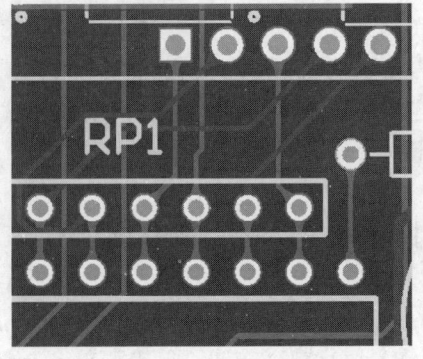
图 5.45 局部添加泪滴效果

第 1 步：设置覆铜属性。选择要覆铜的层，Top Layer 或者 Bottom Layer。执行菜单命令 Place→Polygon Pour…，打开覆铜属性设置对话框，如图 5.46 所示。在 Connect to Net 下拉选项中选择覆铜连接的 Net，多数选择 GND。

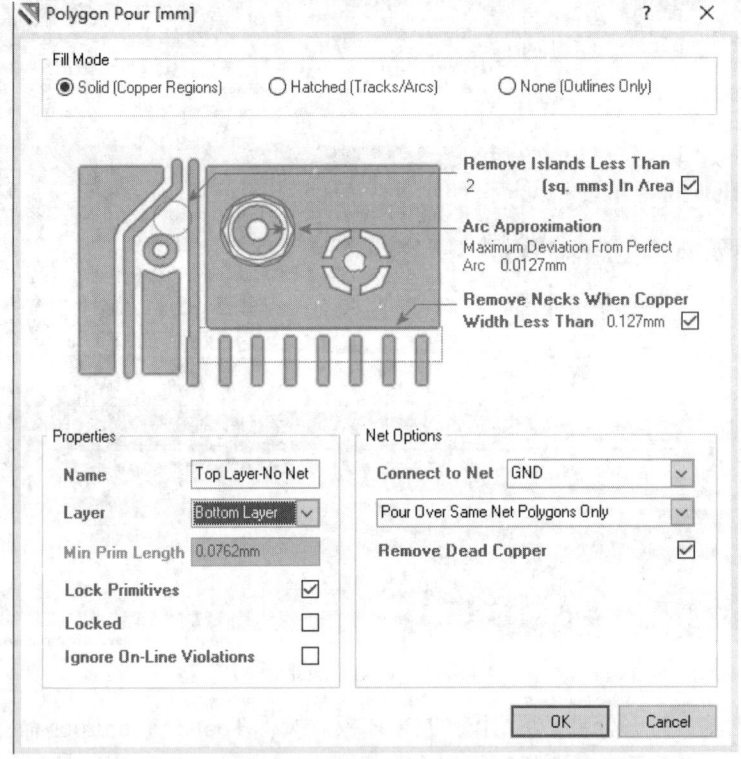
图 5.46 覆铜属性设置对话框

第 2 步：单击 OK 按钮，关闭对话框，此时光标变成十字形。单击鼠标左键确定起点，移动光标到适当位置，依次确定覆铜边界的各个顶点，接起来，形成一个封闭的区域。

从覆铜属性设置对话框可以看到，覆铜填充有 3 种：Solid（Copper Regions）（实心填充）、Hatched（Tracks/Arcs）（网格填充）、None（Outlines Only）（无填充）。

图 5.47 为采用 Solid（Copper Regions）（实心填充）方式覆铜的秒分时数字钟显示电路 PCB 图。

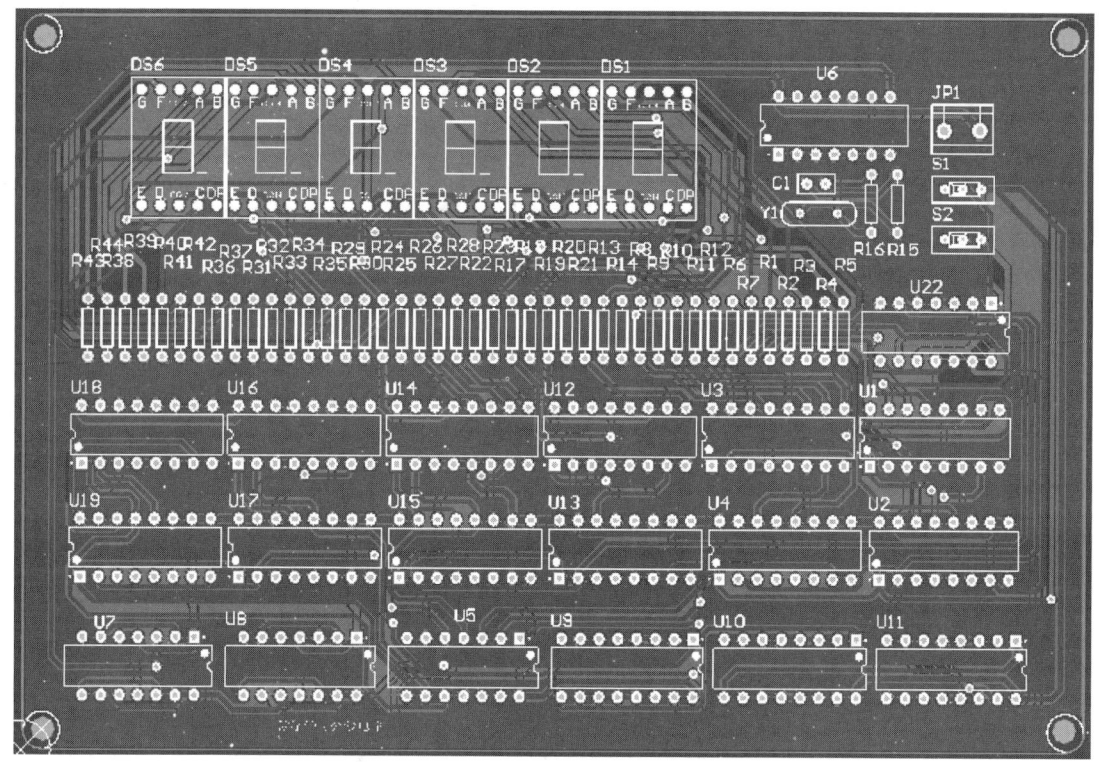

图 5.47　采用实心填充方式覆铜的数字钟电路 PCB

5.4.6　设计规则检查以及工程报表输出

PCB 设计完成后,接下来就要进行 DRC(设计规则校验),检查设计中的错误,同时根据需要生成一些报表,供后期制作 PCB 或者装配 PCB 使用。

1. PCB 设计规则检查

(1) 在线自动检查。Altium Designer 支持在线的规则检查,即在 PCB 设计过程中按照在 Design Rule 设置的规则,自动进行检查。如果有错误,则高亮显示,系统默认颜色为绿色。

(2) 手工检查。执行菜单命令 Tools→Design Rule Check…,弹出 Design Rule Checker 对话框,如图 5.48 所示。在 Report Options 项中设置规则检查报告的项目,在 Rules To Check 项中设置需要检查的项目,设置完成后单击 Run Design Rule Check…按钮,开始运行规则检查。系统将弹出 Messages 面板,结果显示在报告文件界面中。

2. PCB 工程报表输出

(1) 生成电路板信息报表。执行菜单命令 Reports→Board Information…,可生成电路板信息报告,能为用户提供一个电路板的完整信息,如图 5.49 所示。

(2) 生成元件清单报表。元件清单可以用来给设计者提供一个电路或项目中材料信息,如元件名称、封装、数量等。根据生成的元件清单报表文件,可采购相应的元器件。

执行菜单命令 Reports→Bill Of Materials 命令,系统直接弹出如图 5.50 所示的对话框。单击 Export 按钮,系统生成一个 Digital_Clock .xls 文件,选择文件夹进行保存输出。

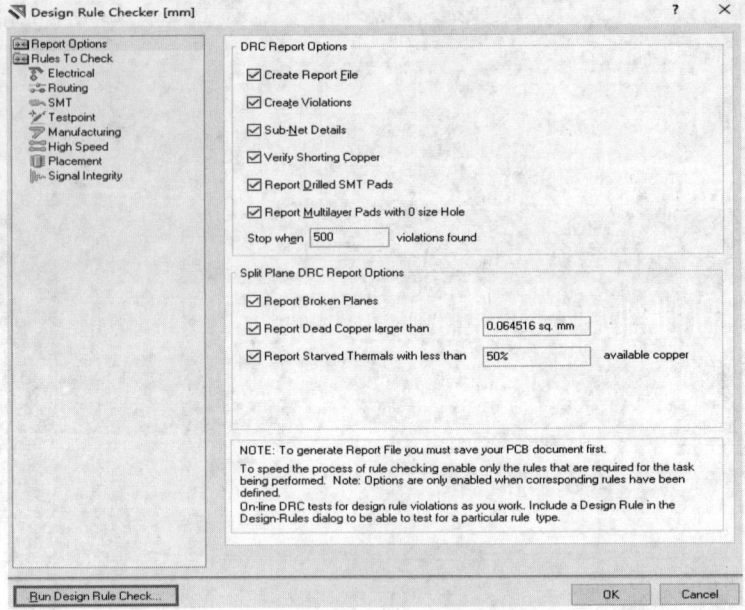

图 5.48 检测项目选择对话框

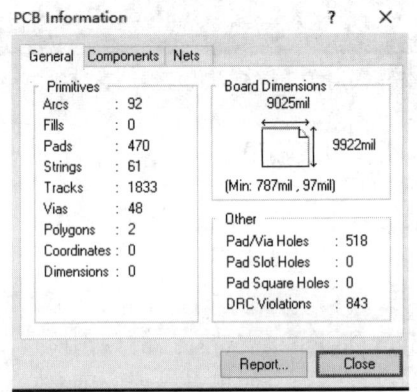

图 5.49 电路板信息对话框

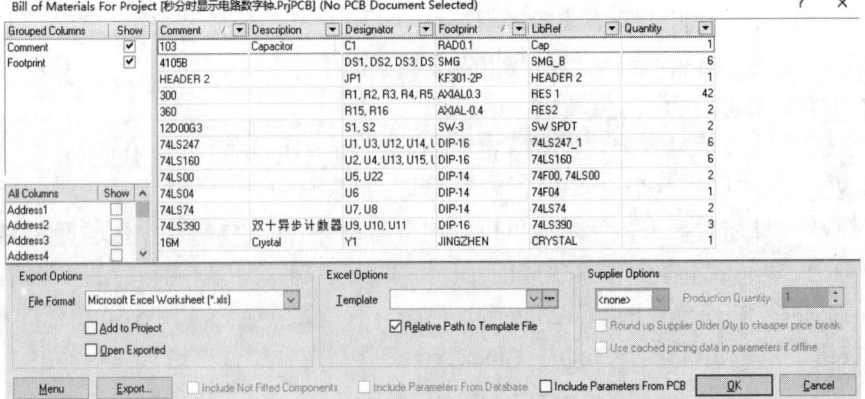

图 5.50 元件清单报表

（3）其他报表。

1）Measure Distance。Measure Distance 命令用于测量任意两点间的距离。单击菜单命令 Reports→Measure Distance，单击鼠标左键确定一个测量起始端，然后移动光标到另一个测量端点上，在两个端点之间出现一条直线。单击鼠标确定测量距离，系统显示测量结果，如图 5.51 所示。

2）Measure Primitives。Measure Primitives 命令用于测量电路板上焊盘、连线和导孔间的距离。以测量焊盘间的距离为例来说明其用法。

执行菜单命令 Reports→Measure Primitives 后，光标变成十字形状。将光标移动到一个焊盘上，将出现一个八角形。单击鼠标左键，选择第一个焊盘，此时鼠标又变成了十字形状光标。按照同样的方法确定第二个焊盘。单击左键后，系统显示出所选两个焊盘之间距离，如图 5.52 所示。

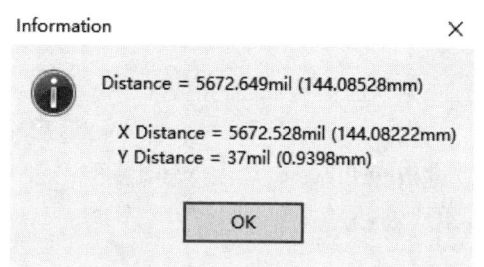

图 5.51　两点距离测量结果

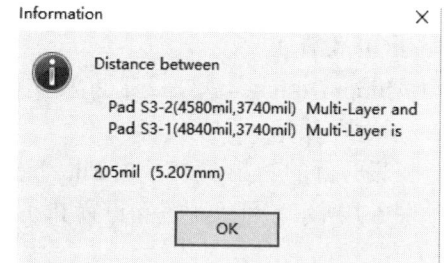

图 5.52　两个焊盘距离测量结果

第 6 章 PCB 板的制作

业余条件下制作 PCB 板的常用方法有腐蚀法和雕刻法。这里介绍以热转印机为主要设备的腐蚀法和以雕刻机为主要设备的雕刻法。

6.1 PCB 板的腐蚀法制作

6.1.1 PCB 设计与打印

1. PCB 设计

用 Altium Designer 软件设计 PCB 文件，具体方法见前面第五章的内容。

2. 用打印预览

打开设计好的 PCB 图，单击 File 下拉菜单里面的 Print Preview 选项，弹出打印预览对话框，如图 6.1 所示。可以预览和设置 PCB 板层的打印效果。

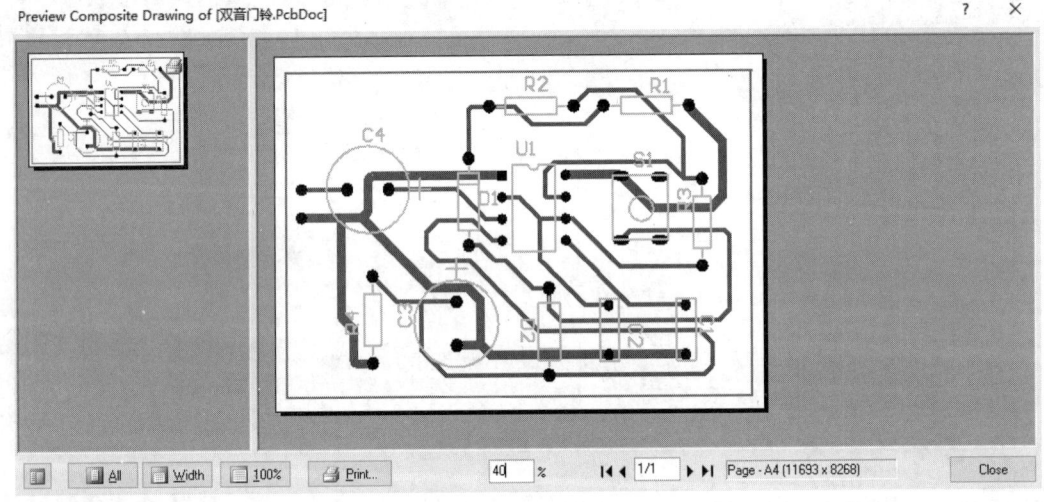

图 6.1 打印预览窗口

3. 设置纸张

在图纸中心单击鼠标右键，将弹出如图 6.2 所示菜单。执行 Page Setup 命令，弹出如图 6.3 所示的 Composite Properties 对话框。

（1）在 Printer Paper 下的 Size 选项中选择纸张大小。

（2）在 Scaling 下的 Scale Mode 选项中，如果选择 Fit Document On Page，将自动调整 PCB 图比例，可便于校对，但尺寸方面不一定与实际尺寸一致。

（3）如果要进行手工制作电路板，打印大小必须与实际尺寸一致，则应在 Scale Mode 选项中选择 Scale Print 项。

（4）在 Scale 中，设定图形的缩放比例。填写"1.0"时，将按电路板实际大小打印 PCB 图。

（5）在 Corrections 中，通过该选项组可进行 X、Y 方向上的比例调整。

（6）在 Color Set 中，有 PCB 图的输出模式可供选择，分别是单色、彩色、灰度。

4．设置打印图层

PCB 在打印前还可选择打印的图层。在图 6.2 中单击鼠标右键，执行 Configuration 命令，弹出 PCB Printout Properties 对话框，如图 6.4 所示。

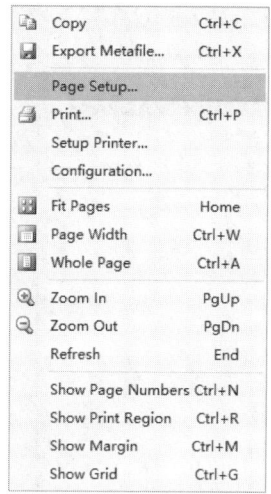

图 6.2　鼠标右键菜单

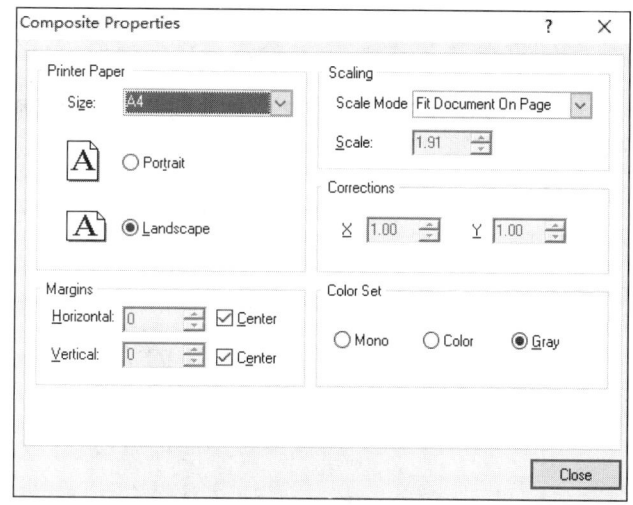

图 6.3　Composite Properties 对话框

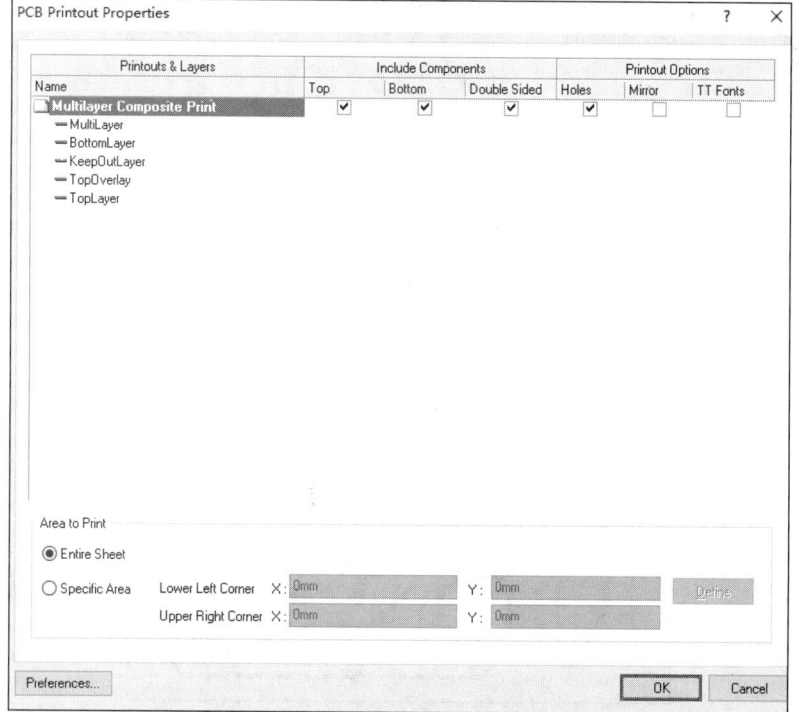

图 6.4　PCB Printout Properties 对话框

（1）在 Printouts & Layers 下拉列表中选择要删除或添加的层面。

（2）在 Multilayer Composite Print 选项中选择响应的图层。单击鼠标右键，出现如图 6.5 所示的窗口选项，可向上或向下移动图层。如单击 Move Up 按钮，使 Multilayer 上移到最上方的位置，如图 6.5 所示。

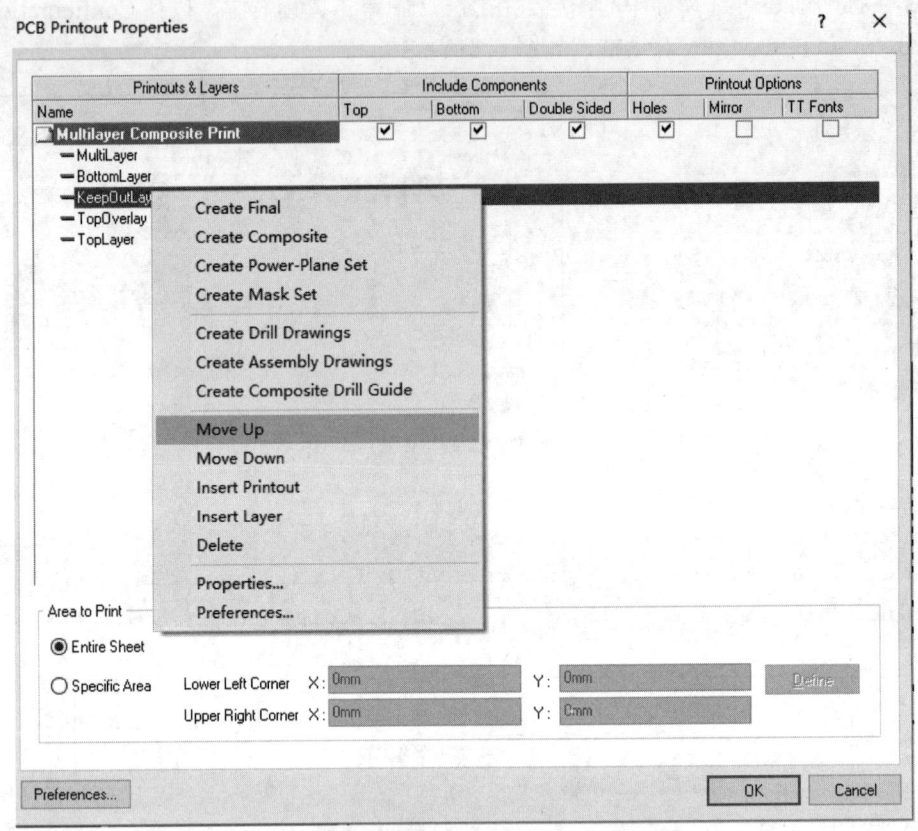

图 6.5　Multilayer Composite Print 的选项设定

（3）在图 6.5 中的 Printout Options 选项中选中 Holes 项，单击 OK 按钮，出现 PCB 打印图如图 6.6 所示。可见所有焊盘孔都能显示。

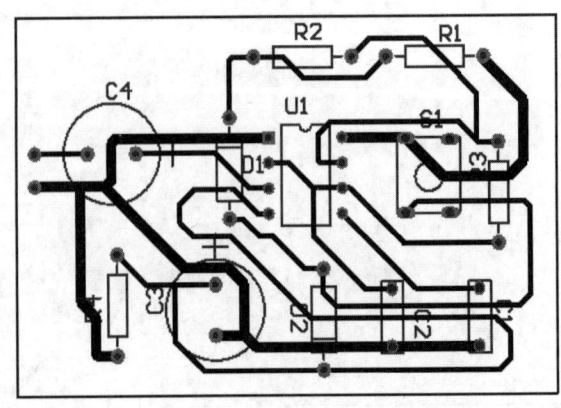

图 6.6　生成的 PCB 打印图

5. 设置打印机和打印

在图 6.6 生成的 PCB 打印图中单击鼠标右键，选择 Print 项，弹出如图 6.7 所示的打印设置对话框，可设置打印参数，设置好后单击 OK 按钮开始打印。

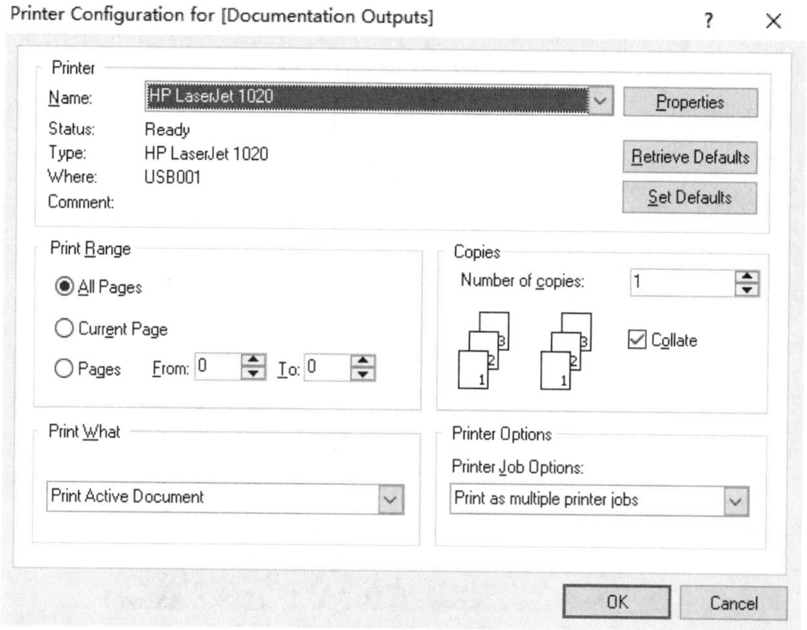

图 6.7　设置打印参数

6. PCB 板的进一步检查

PCB 板初步制作完成后，需考虑实际元件的尺寸、封装，仔细核对，在送 PCB 制板厂家之前排除一切错误。也可打印出实际的 PCB 板图纸，拿实际的元件在 PCB 图纸上模拟安装，检查封装是否选对。确认无误后，再进行批量生产。

用激光打印机将 PCB 图打印在热转印纸的介质膜面上。图 6.8 所示为打印出的 PCB 图。

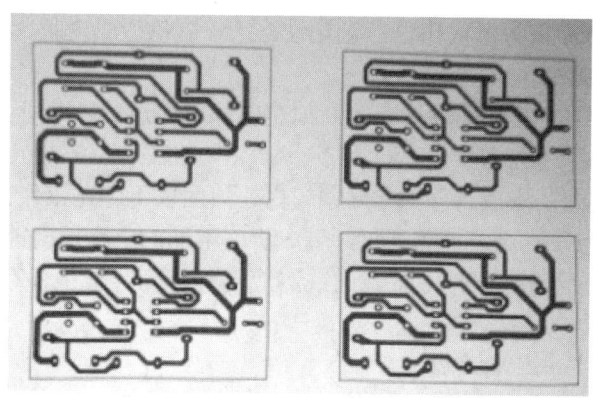

图 6.8　打印出的 PCB 图

选用大小适合的覆铜板。制作中要先把 PCB 板表面处理干净，再把打印有墨迹的那一面用透明胶贴在铜箔上。

6.1.2 热转印

打开热转印机电源,把温度调节旋钮调节到 150℃进行预热,这样处理是为了增加 PCB 板的碳粉吸附能力。3~4min 后,把 PCB 板塞入热转印机,热转印机的滚轴夹住 PCB 板缓慢前行。一般在热转印机里面过 3~4 遍后,取出板子自然冷却。一段时间后揭开已经完全冷却的 PCB 板上的打印纸。图 6.9 所示为墨粉已转印到覆铜板上的电路图。

如果发现板上墨迹有断线的地方,可用油性记号笔修补断线、残线。

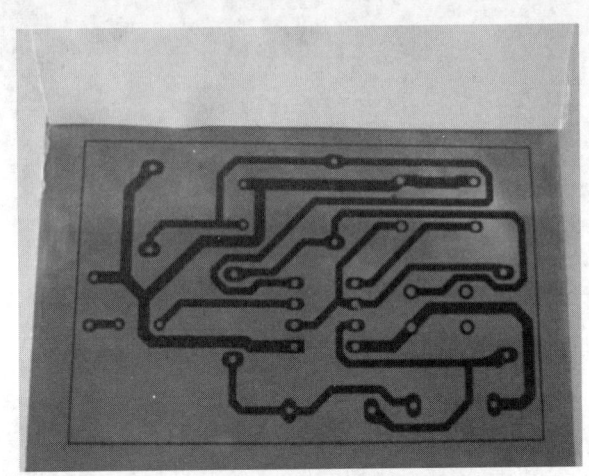

图 6.9 已经转印到覆铜板上的电路图

6.1.3 腐蚀与钻孔

1. 配置三氯化铁溶液

PCB 板要放在电路板腐蚀机里面进行腐蚀。在腐蚀前首先要进行三氯化铁溶液的配置。操作时应注意:

(1) 穿上一次性无纺布外套,带上橡胶手套,准备好抹布,防止三氯化铁溶液溅射到皮肤及衣物上,随时用抹布擦掉溅射出的三氯化铁溶液,以免造成皮肤、衣物的污染。不要用手直接接触三氯化铁腐蚀液。

(2) 配制溶液时要在其他非金属容器内如塑料箱里面进行,并对溶液进行过滤。腐蚀溶液的配置比例为:三氯化铁:温水=3:5。

(3) 经过澄清过滤残渣后,再倒入腐蚀箱内,液面以不超过工作台为限。不能直接在箱内溶化三氯化铁,因为残渣极易损坏水泵,造成价格不菲的电路板腐蚀机报废。

(4) 蚀刻机长期不使用时要将三氯化铁溶液倒入密闭容器中保存,用清水冲洗箱体及水泵。

2. 使用电路板腐蚀机进行腐蚀

首先腐蚀机要放在平稳的工作台上,将 PCB 板的铜皮面朝上放在腐蚀机的溢水槽平台上。向塑料箱内注入已经配置好的三氯化铁腐蚀液,液面以不超过腐蚀平台为宜。接上电源,检查腐蚀机的水泵是否能正常工作,看溢水槽有无水溢出。

一段时间后,取出腐蚀完成的电路板,用清水冲洗。图 6.10 为完成腐蚀的电路板。

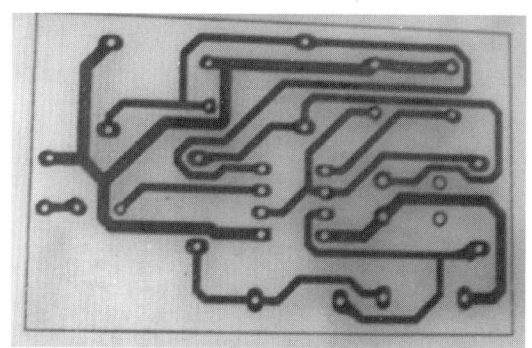

图 6.10 腐蚀好的电路板

电路板的边缘留有空白区域,这时可用裁刀将边缘裁剪掉。

用细砂纸将表面细细打磨,去掉墨粉直到露出黄色铜皮为止。用水冲洗干净,如图 6.11 所示。

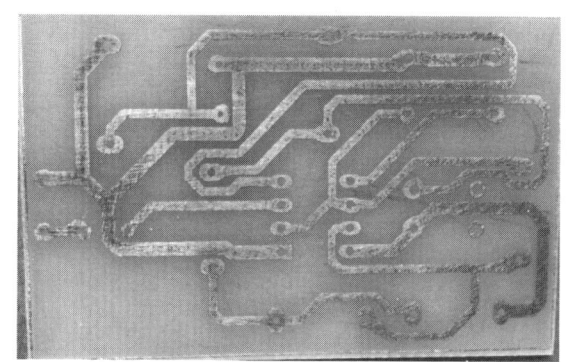

图 6.11 去除墨粉的电路板

3. 钻孔

去除墨粉后的 PCB 板,可放在小型台钻的平台上,选用适合的转头进行钻孔加工。

6.2 PCB 板的雕刻制作方法

使用 Altium Designer 软件设计出 PCB 文件。PCB 线路板雕刻机可精确地制作单、双面 PCB 板。

首先要完成 PCB 文件的设计工作并生成加工文件。将加工文件导入到雕刻机控制软件中,再通过该软件的处理,把加工文件转换成驱动伺服电机的脉冲信号,控制雕刻机主轴按照 X,Y,Z 三轴进行运动,从而完成线路板的钻孔、雕刻、镂空、割边等工作,制作出理想的 PCB 电路板。

下面以德国 LPKF 公司的 S103 钻孔铣边机为例,简单介绍双面 PCB 电路板的制作过程。

6.2.1 雕刻机的工作原理

雕刻机与数控铣床非常类似,三条互相独立的直线运动导轨互相垂直安装。Y 轴滑车带动工作平台前后运动,X 轴滑车带动安装在导轨上的 Z 轴滑车及安装在 Z 轴滑车上的主轴电机左右运动，Z 轴带动主轴电机上下运动。三轴在 CPU 的协调控制下，安装在主轴电机上的专用刀具相对工件做空间三维运动，从而把工件（线路板）加工成符合用户要求的成品。雕刻机的外观如图 6.12 所示。

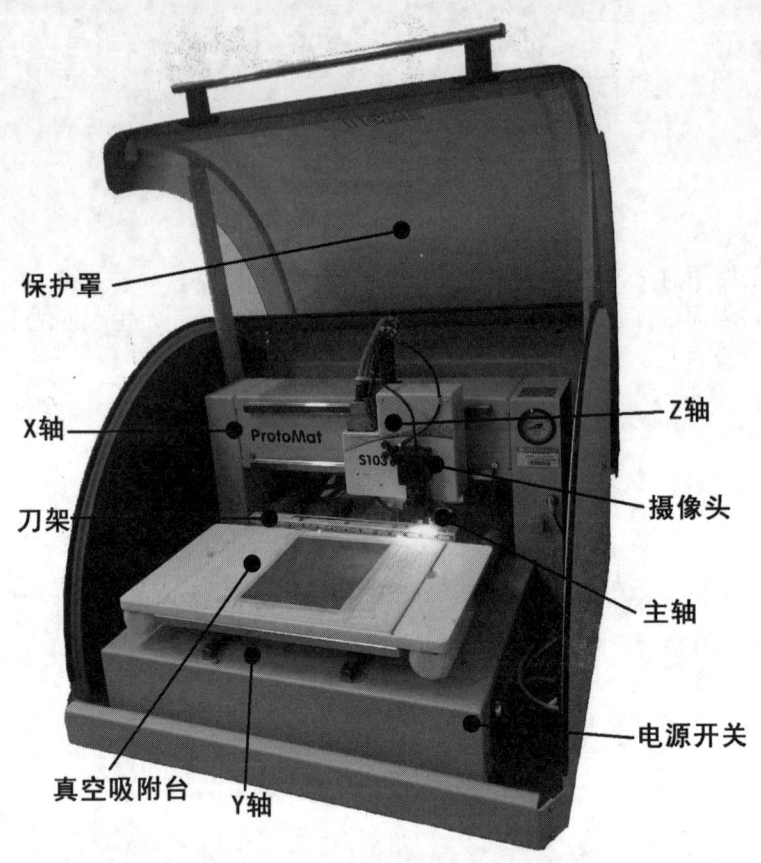

图 6.12　LPKF 公司的 S103 钻孔铣边机

6.2.2　加工文件的生成

在完成 PCB 板的设计工作后，应将辅助作图的机械图层全部删除，只保留必要的图层，如顶层底层丝印，顶层底层覆铜层，禁止布线层等。然后利用 Altium Designer 软件生成雕刻机加工文件和钻孔文件，具体步骤如下：

1. 生成 PCB 加工文件

将软件界面切换至 PCB 视图界面，单击标题栏文件选项，选择制造输出选项中的 Gerber Filer 选项，系统将弹出 Gerber 设置菜单，如图 6.13 所示。单位设置改成毫米，然后切换到层显示窗口，如图 6.14 所示。单击左下角画线层选项，选择所有使用的项目，然后单击"确定"按钮，软件将输出 PCB 加工层文件，输出结果如图 6.15 所示。然后在 CAMtastic1.Cam 界面下单击主菜单文件选项，选择导出菜单中的 Gerber 选项，弹出输出 Gerber 对话框，如图 6.16，单击"确定"按钮，弹出 Write Gerber 对话框，如图 6.17 所示。按照默认输出，指定文件输出位置，单击"确定"按钮。完成 Gerber 文件的输出。

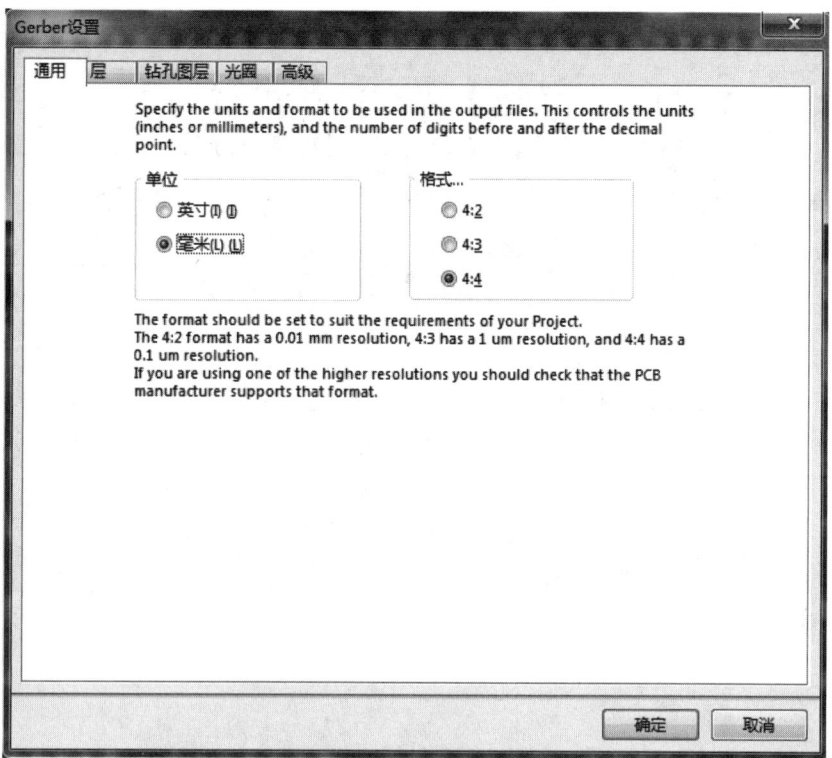

图 6.13　Gerber 通用设置

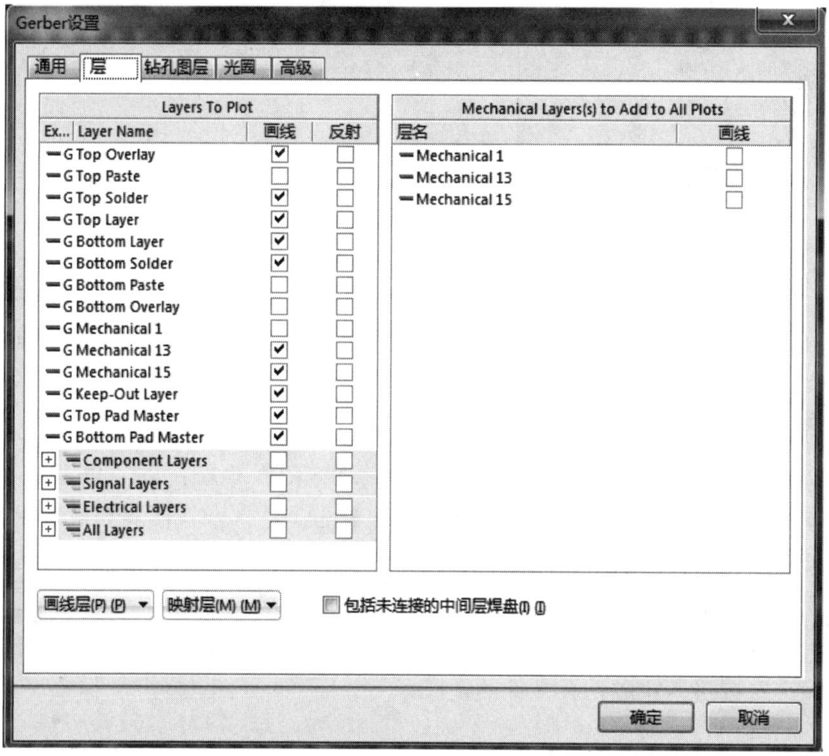

图 6.14　Gerber 层设置

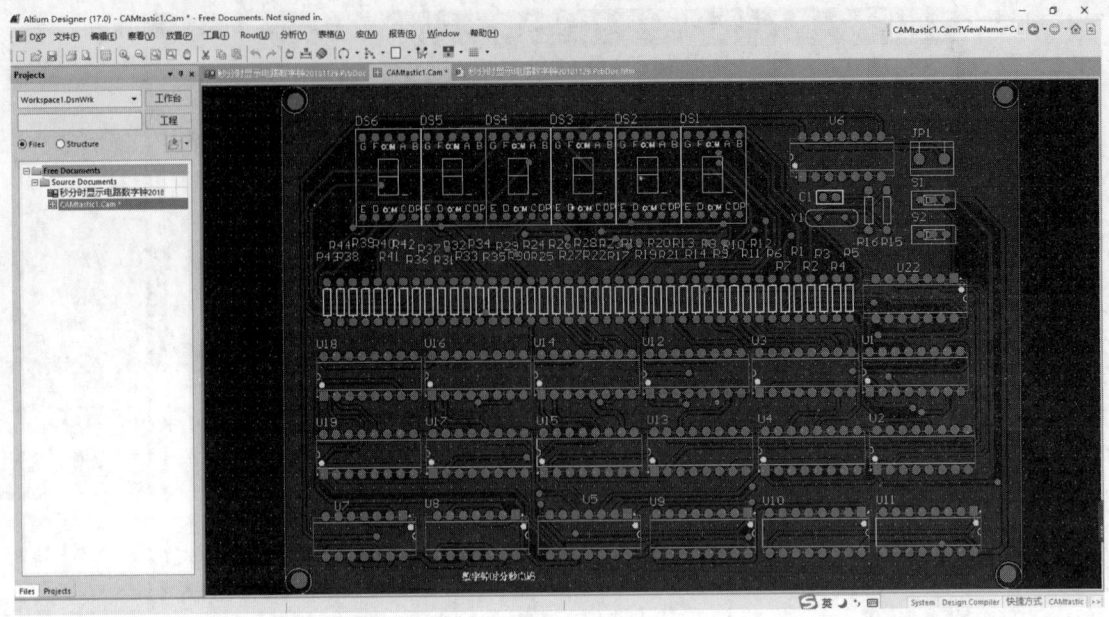

图 6.15 Gerber 输出层文件

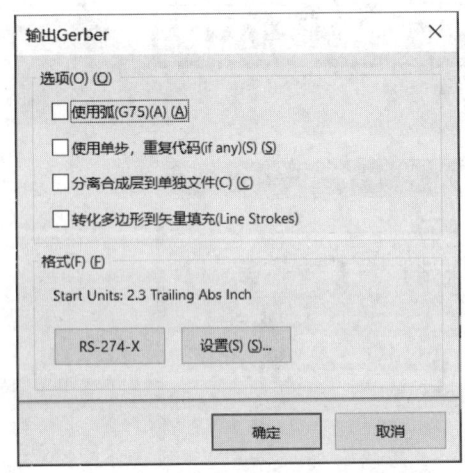

图 6.16 输出 Gerber

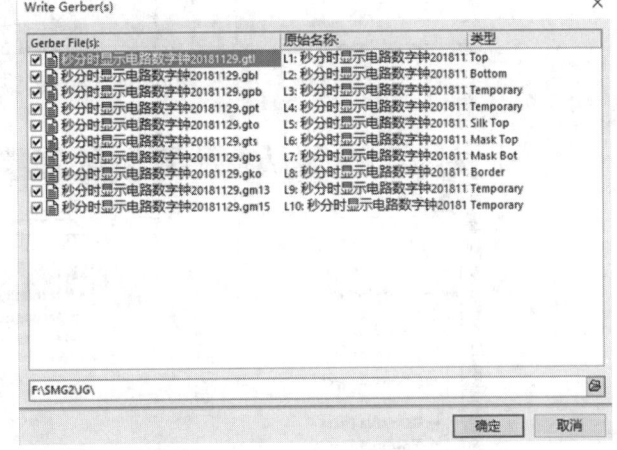

图 6.17 输出 Gerber 图层选择

2. 生成 PCB 钻孔加工文件

将软件界面切换至 PCB 视图界面。单击标题栏文件选项，选择制造输出选项中的 NC Drill Files 选项，弹出 NC 钻孔设置菜单，如图 6.18 所示。单位选择与 Gerber 设置中保持一致，单位为毫米，单击"确定"按钮，弹出输入钻孔数据界面，保持默认选择，单击"确定"按钮，软件将自动生成钻孔文件，如图 6.19 所示。保持在钻孔文件界面下，单击主菜单栏中的文件，选择导出选项中的保存钻孔选项，将弹出输出钻孔数据对话框，如图 6.20 所示。选择需要制作的文件，然后单击"确定"按钮，弹出 Write Drill 对话框，如图 6.21 所示，选择保存的路径，单击"确定"按钮，完成钻孔文件的生成。

第 6 章　PCB 板的制作

图 6.18　NC 钻孔设置

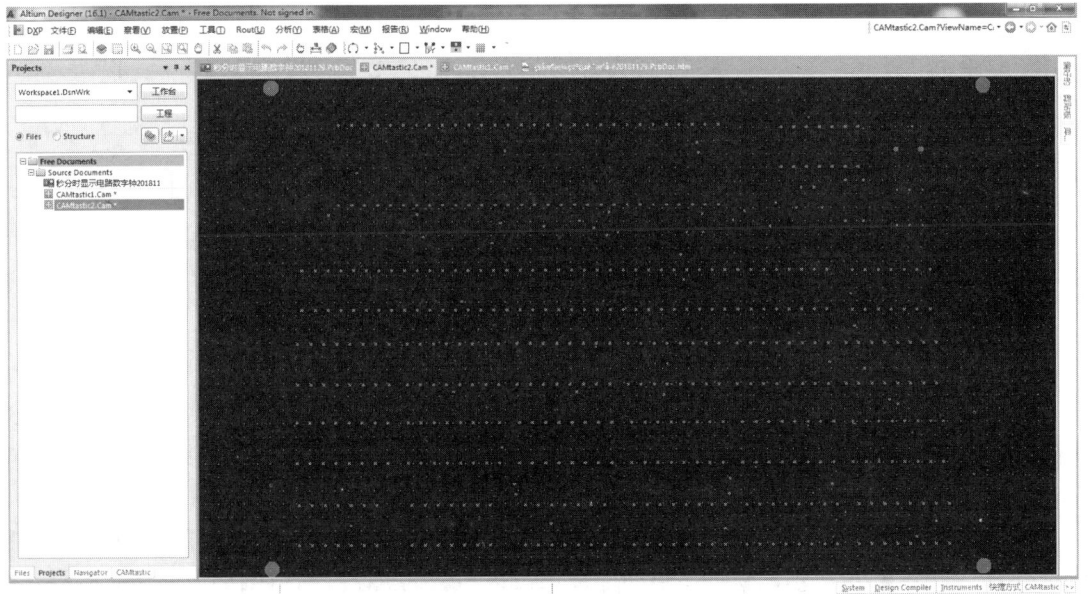

图 6.19　NC 钻孔图层

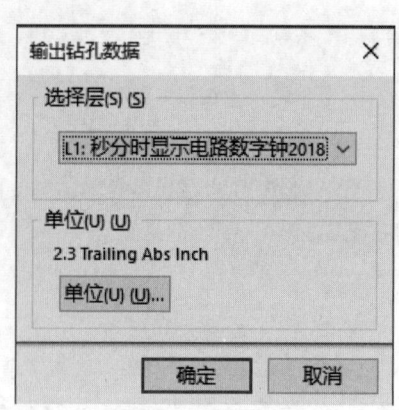
图 6.20 输出钻孔设计

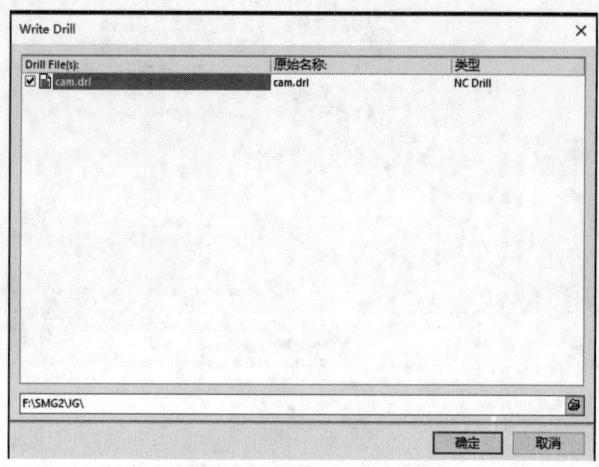
图 6.21 保存 NC 钻孔文件

至此，PCB 雕刻机加工文件转换完成。在保存的文件夹位置会形成完整的雕刻机加工文件，如图 6.22 所示。需要注意的是，输出的 Gerber 文件和 NC 钻孔文件应在同一路径的文件夹下。

图 6.22 雕刻机加工文件

6.2.3 雕刻机制板

使用雕刻制板之前，请先打开雕刻机电源，接通气泵和真空泵电源，检查摄像头数据线和雕刻机数据线是否连接到电脑。

1. 制板软件

双击运行电脑桌面上的 LPKF CircuitPro PM2.3 雕刻机专用软件。软件打开后弹出连接步骤对话框，如图 6.23 所示，软件会自动连接摄像头和雕刻机，并对雕刻机进行功能检查。检查完成后，雕刻机主轴会回到原点进行等待，连接完成后会自动关闭对话框。

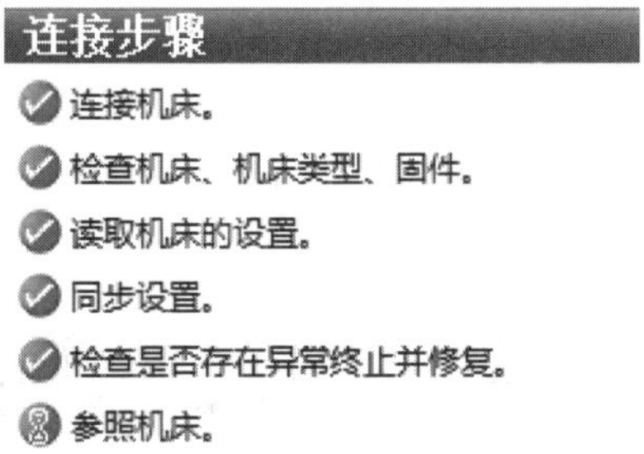

图 6.23 连接步骤

2. 新建加工工程文件

雕刻机设备连接完成后，会自动弹出新建文档对话框，如图 6.24 所示，请单击 Templates 选项卡，选择 DoubleSided GalvanicTHP.cbf 选项，建立一个制作双面 PCB 板的工程，如图 6.25 所示。

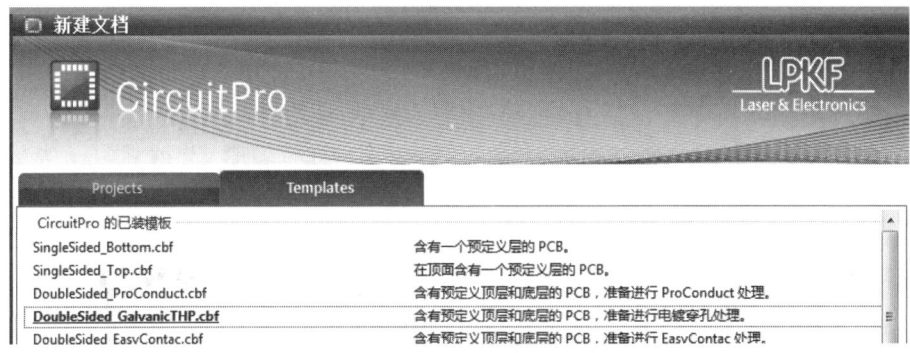

图 6.24 新建文档

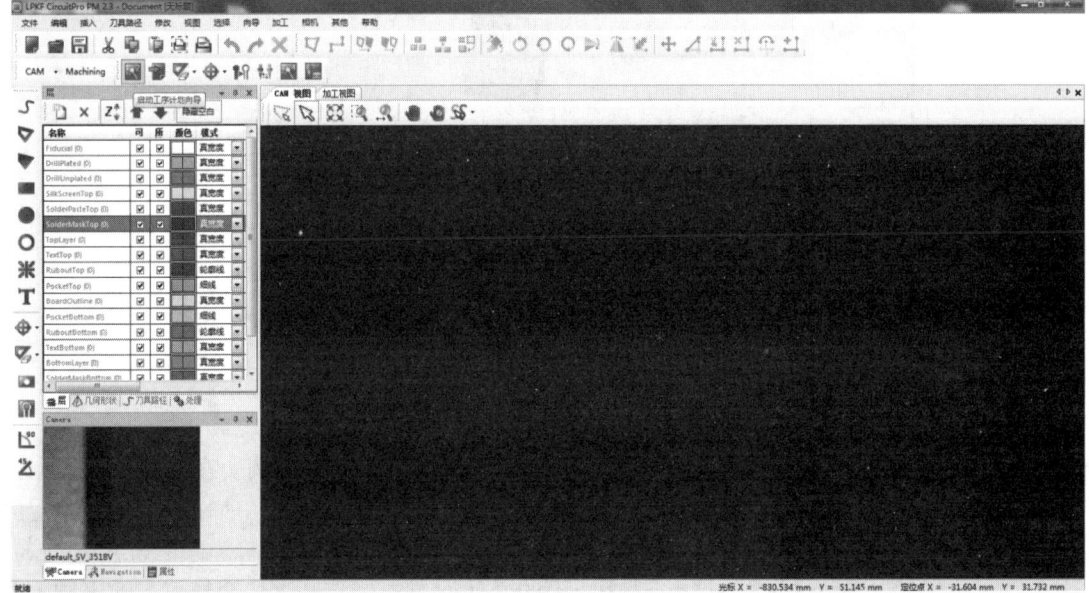

图 6.25 新建工程界面

3. 建立工序计划向导

单击 图标以启动工序计划向导，如图 6.26 所示。依次在"处理类型"中选择"处理 PCB"（图 6.27），"层数"中选择"双面"，"基底"中选择"FR4/FR5"，"穿孔电镀"中选择"LPKF MiniContac RS"，然后单击"完成"按钮。

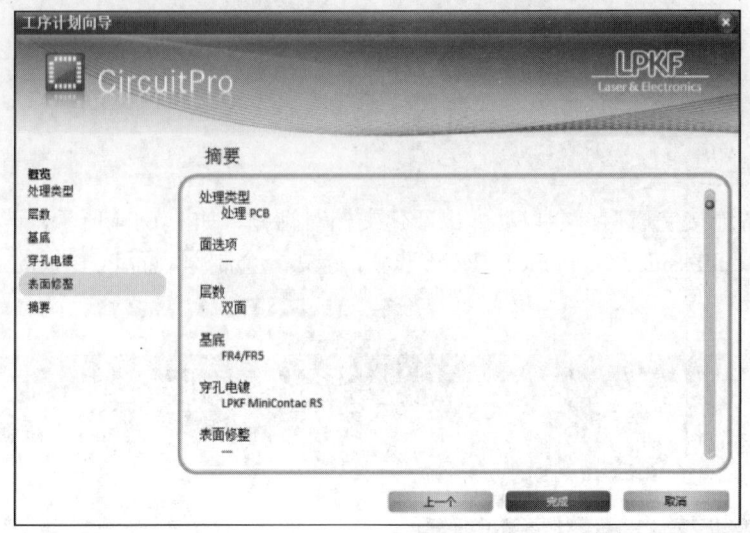

图 6.26　工序计划向导

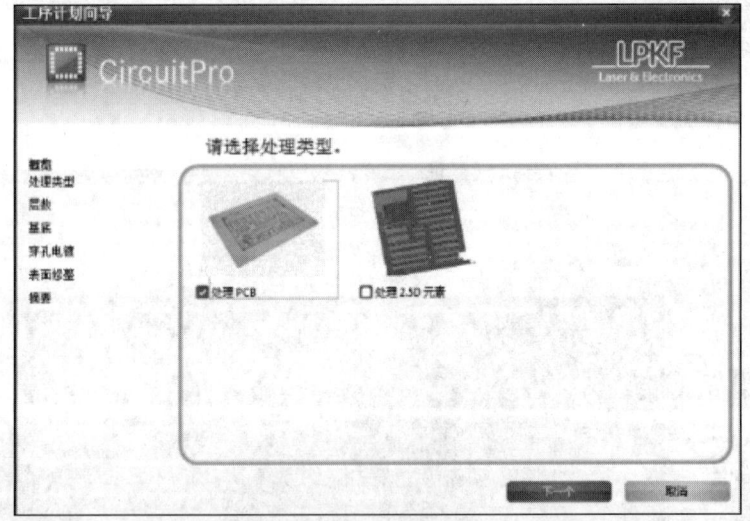

图 6.27　选择处理类型

4. 导入 Gerber、NC Drill 和 DXF 原生数据文件

单击 图标会出现一个选取文件的对话窗口。在该窗口中找到示例所在的路径，根据文件的类型，按住 Ctrl 键，对加工图层进行选择。我们加工的是双面板，所以需要选择顶层丝印（Top Overlay）、顶层覆铜层（Top Layer），底层覆铜层（Bottom Layer），禁止布线层（Keepout Layer）和 NC 钻孔文件（NC Drill），选中上面的文件，单击"打开"按钮导入，弹出导入界面，如图 6.28 所示。

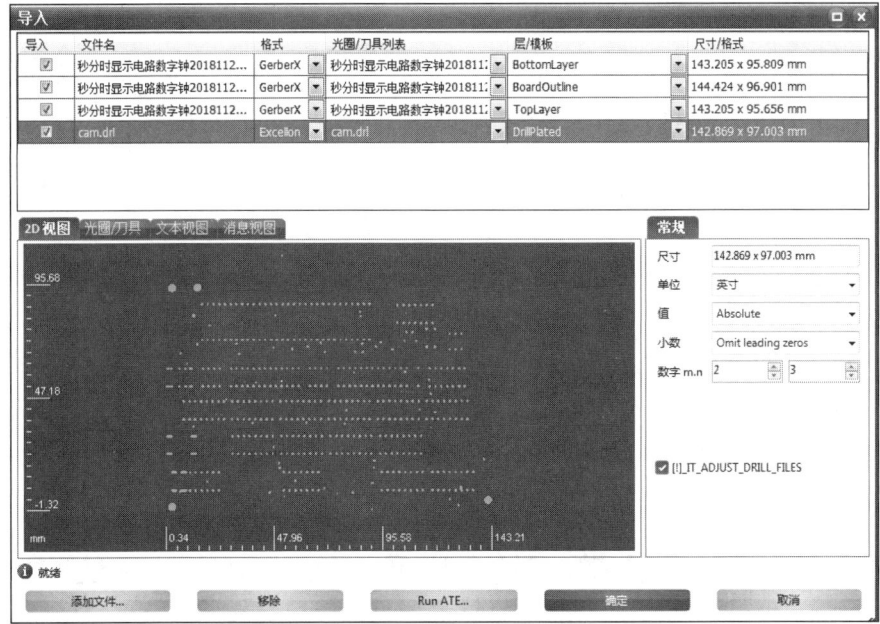

图 6.28 导入窗口

在文件导入之后,要修改 LPKF Cpro 与 Altium Designer 软件对应的图层关系,见表 6.1。修改完成后,单击"确定"按钮,软件界面上将显示导入的 PCB 图层,如图 6.29 所示。请认真检查,如有错误,请检查原 PCB,修改错误后,重新完成之前的步骤。

表 6.1 工序计划向导 LPKF Cpro 与 Altium Designer 软件图层关系

软件名称	对应图层	顶层覆铜	底层覆铜	禁止布线	NC Drill
Altium Designer		*.gtl	*.gbl	*.gkl	Cam.drl
LPKF Cpro		TopLayer	BottomLayer	BoardOutline	DrillPlated

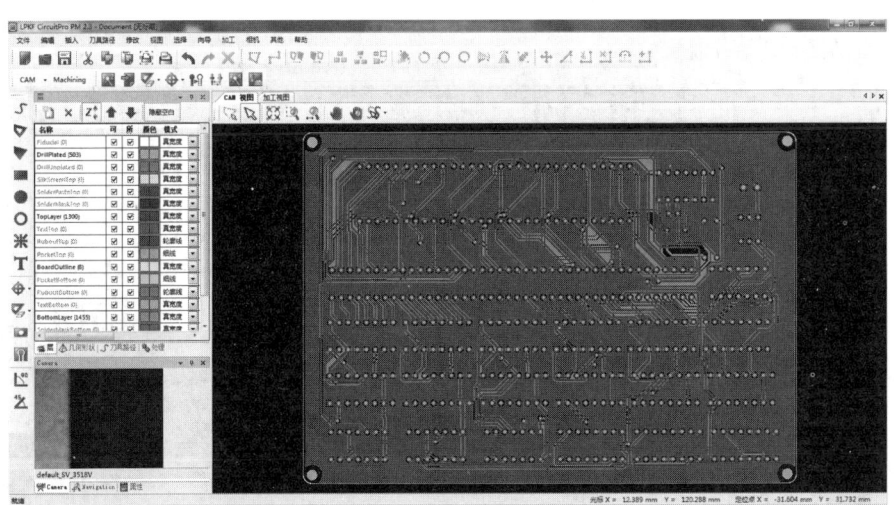

图 6.29 LPKF CproPCB 界面

5. 设置剥铜区域

单击 图标，设置一个剥铜区域，区域内的非线路覆铜将被全部剥除，此功能满足不同用户的需求。在快速制板时，我们一般只对芯片引脚较密的地方进行区域剥铜，方便焊接，只需在 PCB 板上框选一部分进行区域剥铜。大多情况下，我们会进行全剥铜，所以只需要忽略此项设置即可。在后面的加工区域设置中选择全局剥铜来完成。

6. 靶标设置

单击 图标，系统会自动弹出一个 Create fiducial 选项，如图 6.30 所示。用鼠标左键拖动对话框到合适的位置，方便设置靶标。靶标的作用是加工过程中对 PCB 板进行移动或翻板后，系统自动识别加工位置的标记。用鼠标左键在 PCB 的禁止布线层以外的地方进行单击，放置三个不对称的标靶孔，设置好以后关闭对话框即可，如图 6.31 所示。

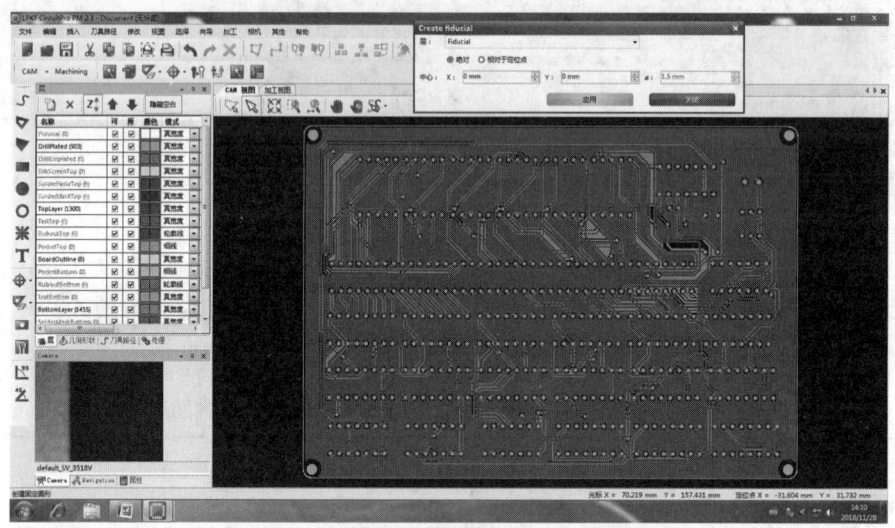

图 6.30　标靶设置界面

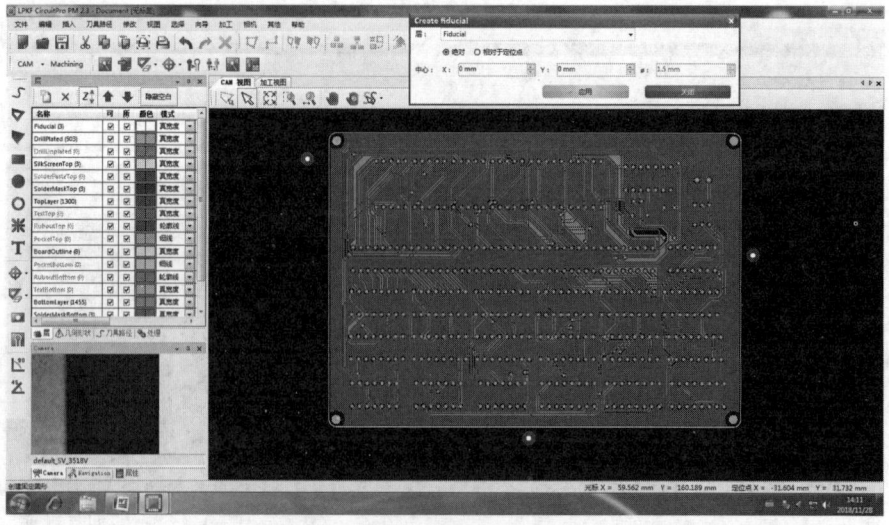

图 6.31　标靶设置完成界面

7. 生成绝缘和轮廓铣切刀具路径

单击图标，系统会自动弹出工艺对话框，如图 6.32 所示。此项用于设置 PCB 线路隔离的方法和 PCB 板轮廓的方法。

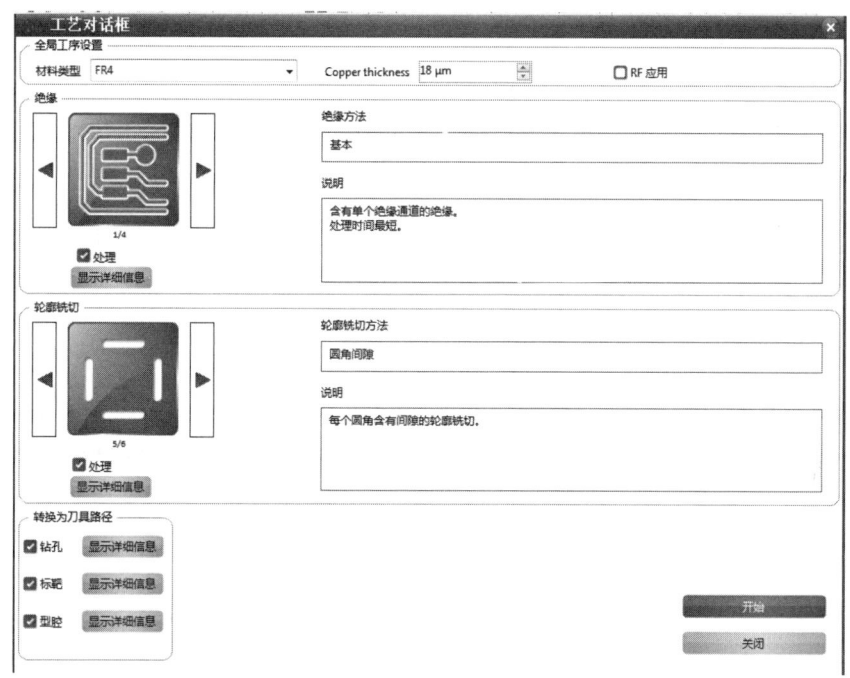

图 6.32　工艺对话框

（1）绝缘。绝缘选项中提供了 4 种绝缘模式，应对不同的 PCB 线路隔离方法。

1/4 模式：线路和焊盘间只走一刀绝缘沟道，保留所有覆铜，隔离线宽 0.2mm，且用时最短，适用于元器件都是直插件的电路板，焊接不方便。

2/4 模式：线路间走一刀绝缘沟道隔离，线宽为 0.2mm；焊盘间走两刀，隔离线宽为 0.4mm。处理时间短，适用于直插件电路板，焊接方便。

3/4 模式：清除定义区域内除线路以外的所有覆铜。定义区域外，保持隔离线宽 0.2mm。适用于贴片和直插混合电路板，方便焊接，处理时间较长。与前面所讲的剥铜区域设置功能一样。

4/4 模式：全局剥铜，去除 PCB 电路板上所有多余的覆铜，与 PCB 电路板设计完全一致，适用于贴片电路板，且引脚较密的芯片，处理时间很长。

为了方便焊接，这里我们选择 4/4 模式进行加工，同时单击"隐藏详细信息"按钮，显示此项内的详细参数。这里需要注意的是，由于我们的最小刻刀是 0.2mm 的，说明雕刻机所能加工的最小隔离槽为 0.2mm，所以我们在设计电路时要注意线与线之间的电气距离应不小于 0.2mm。对于剥铜面积较大的部分，为了节省时间，增加刻刀的使用寿命，我们选择 1mm 剥铜刀。根据连续剥铜面积的大小，也可选择 2mm 剥铜刀，一般情况下不选择。这里的绝缘宽度默认为 0.2mm，请勿改动。焊盘绝缘宽度为 0.005mm，由于没有低于 0.2mm 的刻刀，此项设置也会自动默认执行 0.2mm 的隔离线宽。复选框内的功能按图 6.33 所示勾选。设置完成后，再次单击"隐藏详细信息"按钮，方便下一个工艺的设置。

图 6.33　绝缘详细信息设置

（2）内、外形轮廓切割（透铣）。此选项是用来设置将加工完成后的 PCB 板从样板中切割下来的选项。计算轮廓铣切路径需要根据实际情况选择适合的计算方式，选配刀具，确定是否需要连接点来固定。其选项中包含了六种切割电路板的选项，如图 6.34 所示。

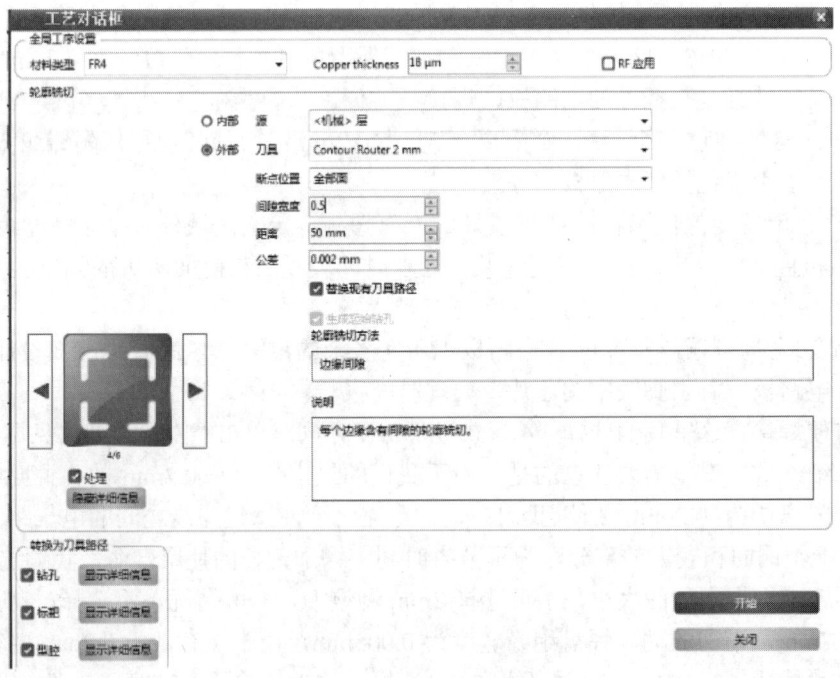

图 6.34　透铣详细信息设置

1/6 模式：全部切割，不留连接点，前提是有可靠的固定，比如切割洋白铜类的皮铜天线，采取背胶（或 3M 67 喷胶）固定的方式，切割 FR4 类型的电路板不适用。

2/6 模式：纵向的中间位置留两个用以固定的连接点，加工完成后手工将连接的断点割开。

3/6 模式：横向的中间位置留两个用以固定的连接点，加工完成后手工将连接的断点割开。

4/6 模式：在每条边的中间位置，一共留 4 个用以固定的连接点，加工完成后手工将连接的断点割开。

5/6 模式：在每条边的角落位置，一共留 4 个用以固定的连接点，加工完成后手工将连接的断点割开。

6/6 模式：按照周长以等距离位置留用固定的连接点，加工完成后手工将连接的断点割开。

为了方便将电路板从样板中去除，又保证电路板有可靠的支撑，方便进行二次加工，我们选择第四种加工模式。单击此项的"隐藏详细信息"按钮，进行细节参数设置。为了保证电路板的大小，首先选择在 PCB 板外部进行切割，刀具选择 2mm 铣边刀。断点的间隙宽度设置为 0.5mm，方便取板，距离和公差可按默认值执行，勾选替换现有刀具路径。

注意：在 Altium Designer 软件中，PCB 的边框线（Keepout Layer）必须是密封的线段，且有一定的宽度。

（3）转换刀具路径选项。用来设置雕刻机的刀具路径，设置如图 6.35 所示。

图 6.35　转换刀具路径选项

钻孔：勾选此栏会自动生成对应孔径大小的钻孔刀具；单击"隐藏详细信息"按钮，取消创建标记钻孔选项。

标靶：勾选此栏会自动生成对应孔径大小的钻定位孔（Mark 点）刀具，通常是 Spiral Drill 1mm 或 1.5mm。前提是在前面标靶设置项中，预先插入了用以定位的标靶，且有摄像头自动识别系统的情况下才适用。

型腔：勾选生成 2.5D 铣切刀具路径。如盲槽、面板、定深加工类，需要单独使用 2.5D 功能。一般不勾选。

在以上功能设置完成后单击"开始"按钮，软件会自动根据设置的需要，计算并生成刀具的加工轨迹。若只需要计算某一项时，可以直接勾选某一项后，关闭其他选项，单击"开始"按钮即可。计算完成后会出现计算结果，也就是所需刀具种类和相关信息。如所需钻头的孔径和孔数、所需铣刀的铣削长度等，如图 6.36 所示，查看后关闭即可。此时雕刻机软件界面将生成刀具路径的虚拟线路，如图 6.37 所示。

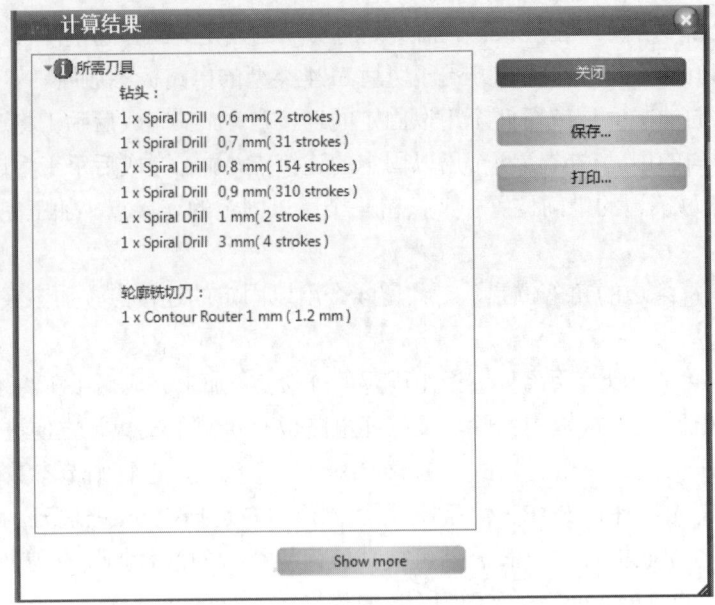

图 6.36 转换刀具路径计算结果

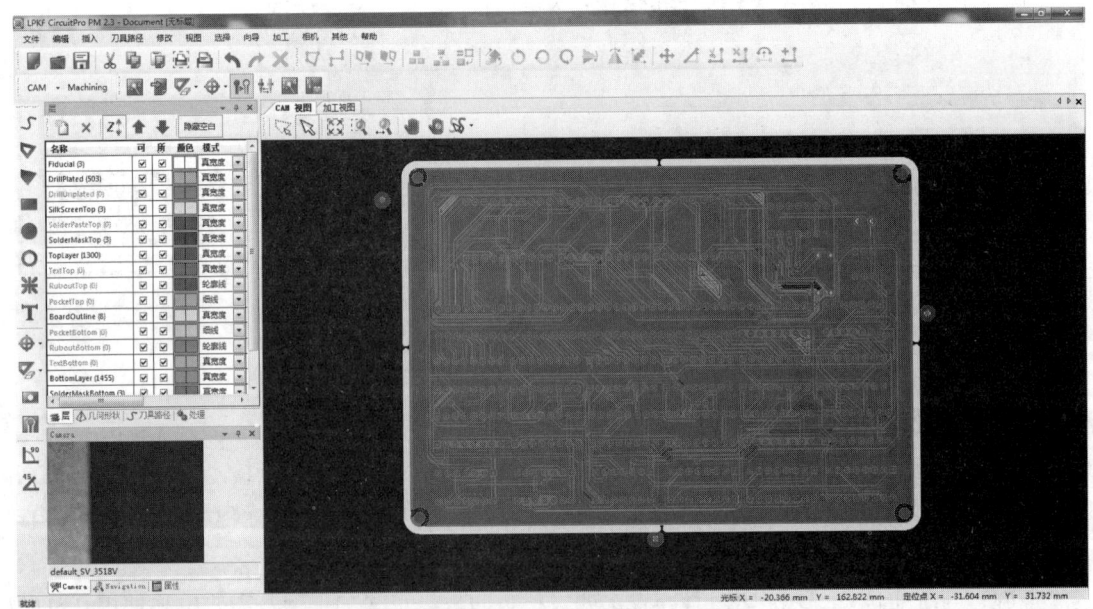

图 6.37 转换刀具路径虚拟线路

8. 在刀具匣内分配刀具

单击 图标就可以进行刀具分配，如图 6.38 所示。

按照需求配置好刀具，此处分配的刀具应与实际刀具架里的刀具一一对应（刀具架编号从左到右 1～15，同时最多可配置 15 把刀），观察左边的方框，所有的刀具全部打上钩表示所需要用的刀具都有配置。而在右边的方框出现红色的叉，表示刀具达到了额定的使用寿命，单击"放弃刀具"，可以重新更换一把新刀，若要求不高，加工稍微有点毛刺影响不大的话，可以忽略。接着我们需要测试 End Mill 1mm 剥铜刀和 Universal Cutter 0.2mm 雕刻刀的深度。我们单击刀具前面的圆圈，机器会去夹取这把刀具。单击鼠标光标如图 6.39 所示，然后在加工界面上移动黄色的方框，选取试刀位置进行试刀，如图 6.40 所示。单击"检查铣削宽度"按钮，机器会走到指定的位置，刻条线，铣个圈。主轴在初次启动时，会弹出主轴电机预热界面，单击"预热"按钮。主轴会在 2min 后，进行试雕。试雕结束后，软件会根据摄像头识别情况，自动调整刀具深度。也可打开保护盖，肉眼观察，然后通过手动输入参数，如图 6.41 所示，或单击 Z 轴向下按钮进行调节。一般钻头是不需要调整的。需要注意的是我们能用的钻头最小为 0.5mm，最大为 0.9mm，所以在设计 PCB 板时，请使用规定范围内的孔径。加工之前请检查刀具的使用寿命，应及时更换。如果对电路精度没有要求，可以忽略报警信息。完成试刀后，一定要再单击一次鼠标光标，取消鼠标光标的功能，否则容易导致误操作。

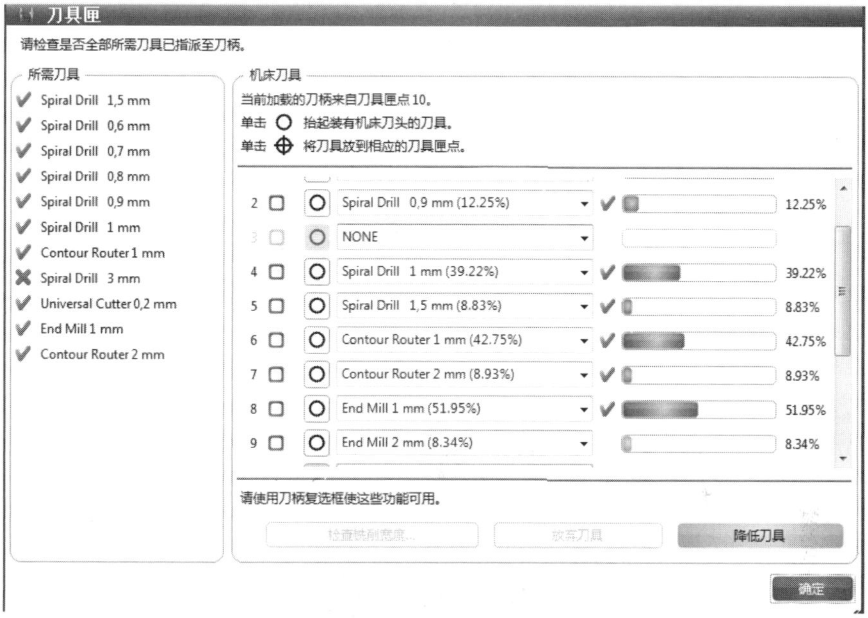

图 6.38　刀具匣配置窗口

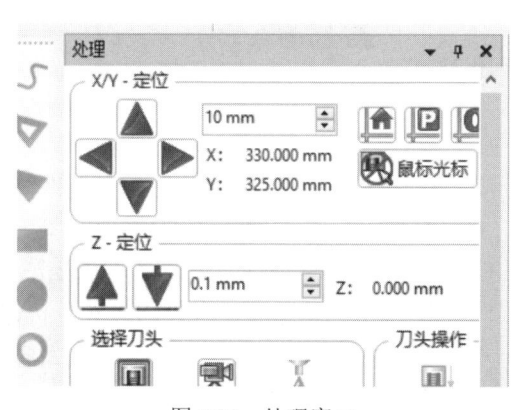

图 6.39　处理窗口

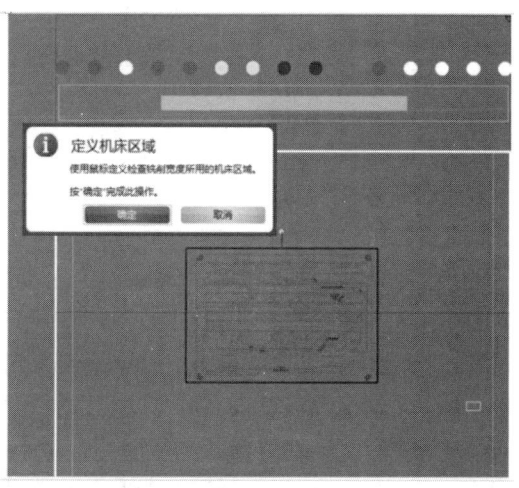

图 6.40　刀具试刀位置调整

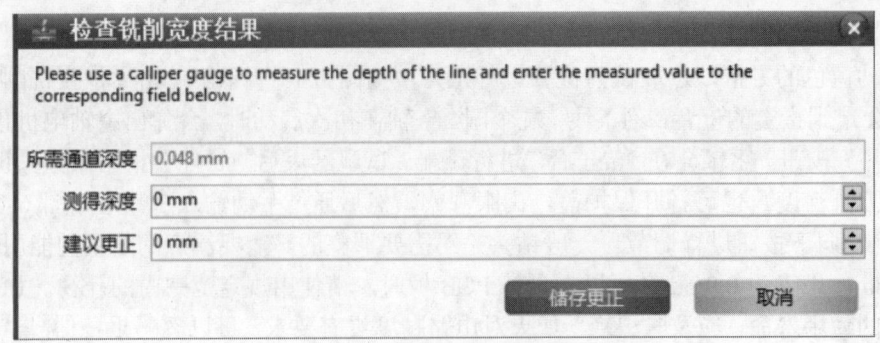

图 6.41 检查铣削宽度结果

9. 电路板生产向导

单击 图标，系统会自动弹出电路板生产向导。

（1）放置基板。此时将 PCB 样板放在雕刻机的真空吸附台上，如图 6.42 所示。需注意，如果样板覆盖不了工作台面，应用相应大小的白纸进行遮挡，以保证样板的固定强度。基板固定完成后，单击"开始"按钮，按照提示过程即可完成电路板的生产。

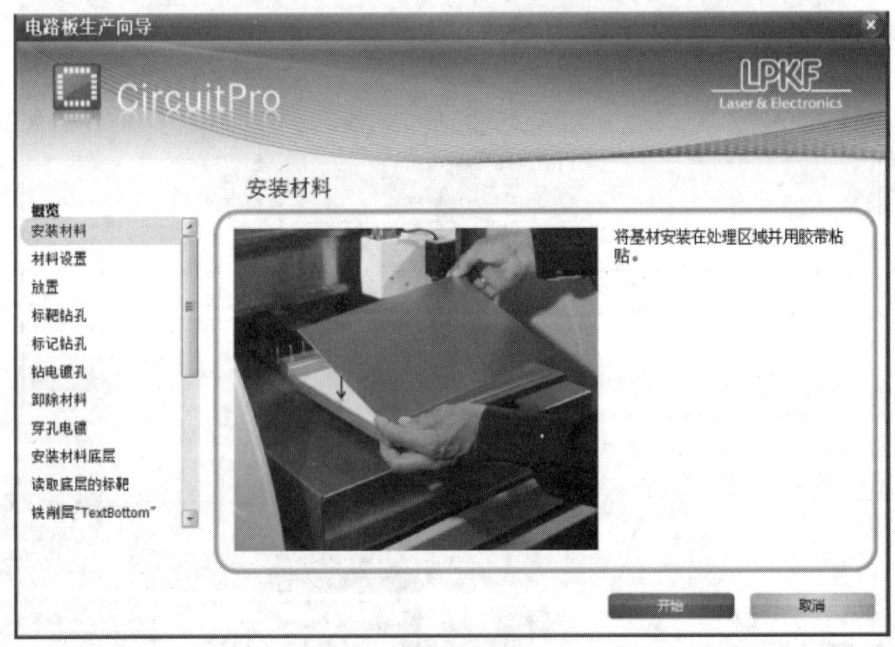

图 6.42 安装材料

（2）材料设置。材料安装完成后，单击"开始"按钮，系统会弹出材料设置菜单，如图 6.43 所示，根据基板参数设置此菜单。由于我们使用的都是标准基板，所以此菜单无须设置任何参数，单击"继续"按钮。

（3）放置。此菜单是用来设置基板上可以加工电路板的数量和方向，如图 6.44 所示。设置完成后需要单击"鼠标光标"按钮，然后在工作界面上单击"电路板最大外围尺寸"按钮，此时雕刻机的主轴将会移动到相应的点位上，注意观察电路板是否在加工范围内。确定完成后请再次单击一次"鼠标光标"按钮，取消鼠标光标的功能，否则容易导致误操作。

第 6 章 PCB 板的制作

图 6.43 基板参数设置

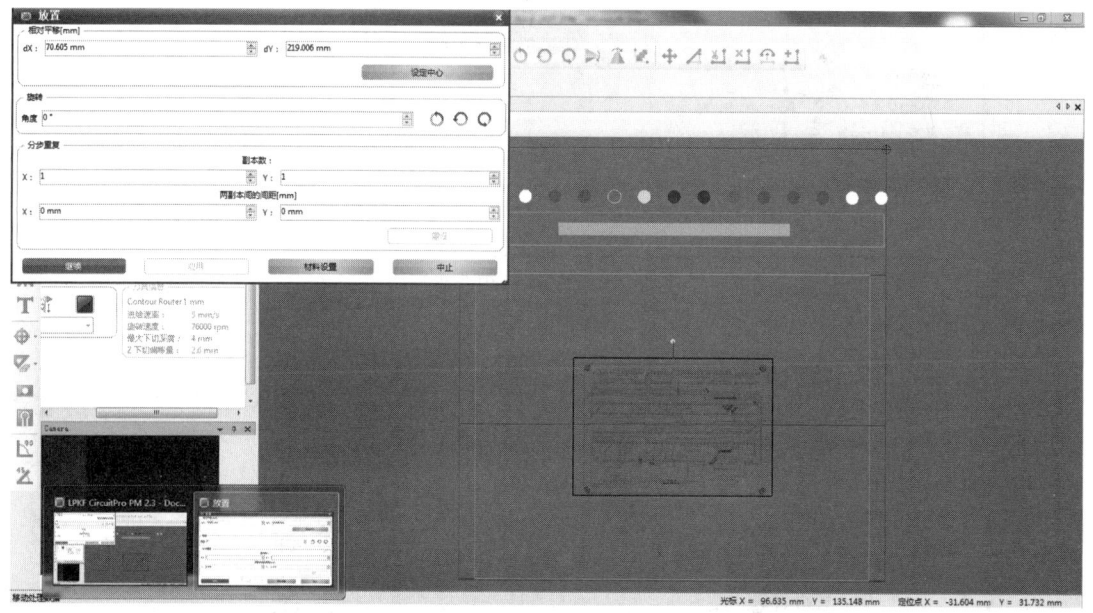

图 6.44 电路板放置设置

设置完成后单击"继续"按钮,此时会弹出"保存文档"对话框,如图 6.45 所示。如果保存,后期重新进行加工时,可省略前面所有设置,也可单步执行工程中的任意一步。这里可以选择不保存,继续向下执行。

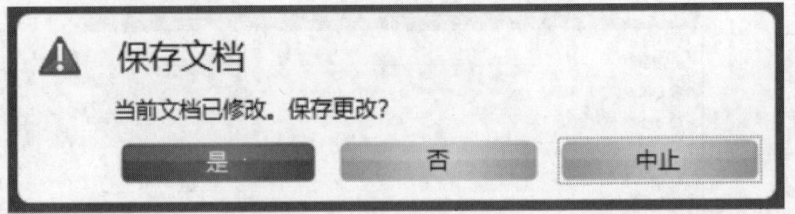

图 6.45 保存 PCB 加工文件

（4）钻孔。机器首先会加工标靶孔，如图 6.46 所示，然后继续加工电路板上所有的焊盘孔和过孔，如图 6.47 所示。机器加工完成后，会弹出"卸除材料"提示框，如图 6.48 所示。取下 PCB，检查各个孔内是否通透，如有杂物清除干净。如果钻头磨损比较厉害，那么所有的孔边都会有毛刺产生，需使用不含钢丝的刷子进行清理。

图 6.46 钻标靶孔

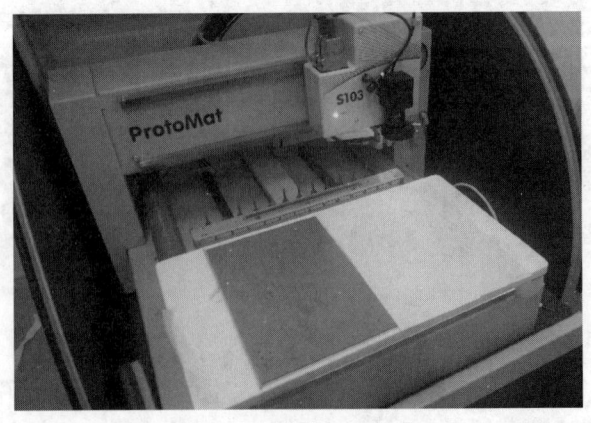

图 6.47 钻孔加工完成

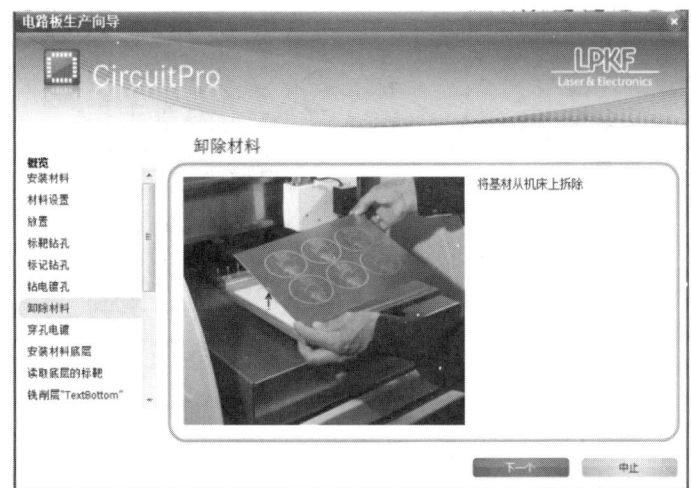

图 6.48 "卸除材料"提示框

（5）电镀（孔金属化）。钻孔完成后，单击"下一个"按钮，系统将出现穿孔电镀提示框，如图 6.49 所示。在 PCB 处理干净后将进行电镀。我们所使用的电镀系统是 LPKF MiniContac RS，如图 6.50 所示。它包含除油、喷淋、黑孔、微蚀、镀铜\OSP 工序，如图 6.51 所示。我们只需要按照操作面板提示进行操作即可完成电路板过孔镀铜工作。

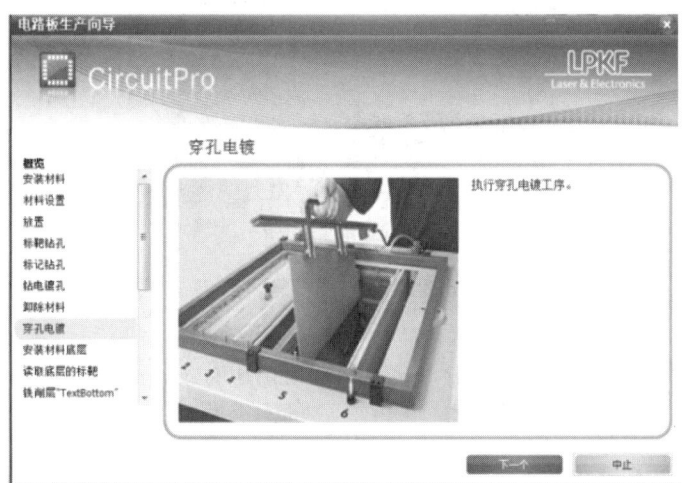

图 6.49 穿孔电镀提示框

图 6.50 LPKF MiniContac RS 穿孔电镀设备

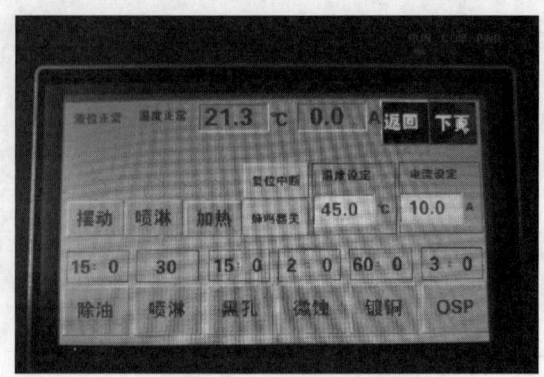

图 6.51　设备操作面板

将设备电源打开，系统启动完毕后，设置除油时间 15min，喷淋时间 30min，黑孔时间 15min，微蚀时间 2min，镀铜时间 60min，电流设定 10A，OSP3min。启动加热，同时将 PCB 固定在铜夹上，如图 6.52 所示，等待温度上升到设定温度。

图 6.52　电路板固定方式

1) 当温度到达时，将 PCB 放进除油槽内进行除油处理。单击"摆动"按钮，待蜂鸣器报警后，清除报警。

2) 将电路板放进喷淋槽中，单击"喷淋"按钮，进行清洗。待时间到，蜂鸣器报警，清除报警信息。取出 PCB，先用无油气枪将 PCB 上的水分吹掉，再进行烘干处理，使水分彻底挥发。

3) 将干燥后的 PCB 放进黑孔槽中，待设定时间到，蜂鸣器报警，清除报警，取出 PCB，将上面多余的黑孔液沥干，再进行烘干处理。处理完后，检查 PCB 上的孔是否通透，不通透的地方一定要进行处理，否则将导致该孔镀铜失败。

4) 微蚀是将 PCB 上残留的黑孔液进行去除。时间到后，清除报警。将 PCB 用清水冲洗干净，并烘干。

5) 将黑孔过后的 PCB 放入到镀铜槽内进行镀铜，时间到后，清除报警，用蒸馏水对 PCB 进行清洗，烘干。在电镀的过程中应注意电流参数的设定与镀铜面积的大小有关。如果电流设定小，导致镀铜效果不理想；如果电流过大将导致 PCB 镀铜过厚，且表面不平整。在镀铜时，也可按照下面的理论计算值结合自己的经验进行适当调整。

电流应该按下式计算：每 $1dm^2$ 的表面积需要 1A 电流。

例如：A4 大小的板面尺寸大致为：

$$200mm \times 300mm = 6dm^2$$

总表面面积=前面面积+反面面积=$6dm^2 + 6dm^2 = 12dm^2$

根据经验公式，计算面积为：$12dm^2 - 10\% \sim 20\%$的总表面积$\approx 10dm^2$，那么电镀时的电流设定为 10A。此设备的最大电流约可调整到 25A。

需要注意的是电镀过程中，不要拿出 PCB。如果想拿出，请先关闭电源。PCB 离开电镀槽，不要超过 10s。一般的电镀时间在 30～90min。

6）OSP 功能。这是一种电路板抗氧化处理。将清洗、烘干后的 PCB 放置在槽内，等时间到后，清除报警，取出 PCB，烘干即可。

至此，双面电路板的孔金属化已经完成，整个操作过程要严格执行，以防止药液互相污染。另外还要注意微蚀、电镀、OSP 药液都有腐蚀性，所以一旦沾染到皮肤上，要立刻用大量的清水冲洗。有条件的话，一定要带上护目镜，保护好自身安全。

（6）底面加工。单击"下一个"按钮，软件将提示安装材料，如图 6.53 所示。将基板的底层朝上（按照原来的方式安装），尽量保持原位安装。安装完成后单击"下一个"按钮，此时雕刻机将自动识别定位标靶，如识别有误，手动调整找寻标靶，直到系统找寻到三个标靶，单击"确定"按钮，系统开始加工铣削底层，如图 6.54 所示。

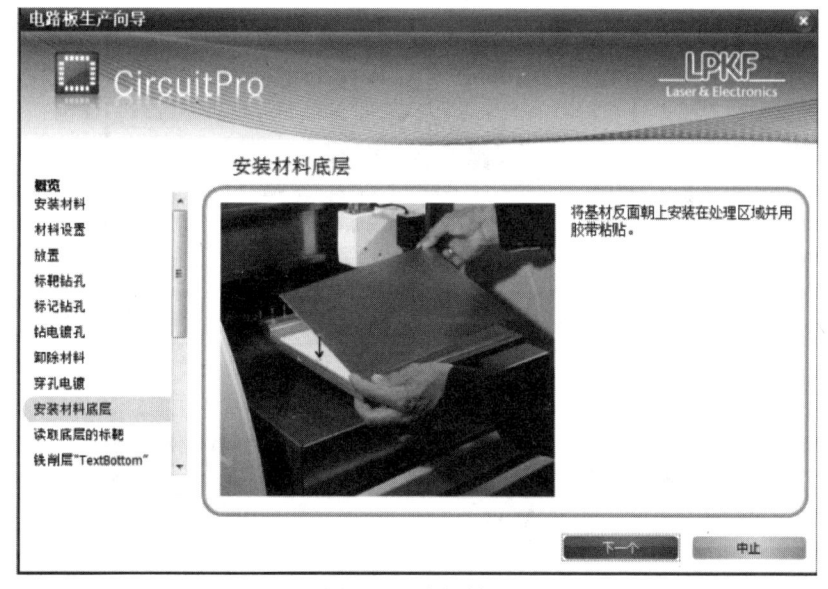

图 6.53　安装材料

（7）顶面加工。底层加工完毕后，系统自动提示翻板，以便加工顶层。翻板时要注意是以 X 轴为轴线，前后进行翻板。翻板完成后，单击"下一个"按钮，系统会自动识别靶标，如不能自动完成，要手动对准。靶标识别完成后，系统将自动加工顶层，如图 6.55 所示。

（8）铣边。系统在加工完顶层后，会进行轮廓铣切，如图 6.56 所示。铣切完成后，系统会自动停止。此时打开保护罩，取出基板，如图 6.57 所示。将雕刻的电路板从基板取出清理干净，此时我们便完成了双面电路板的制作，如图 6.58 所示。注意在焊接之前，请不要触摸覆铜的线路部分。

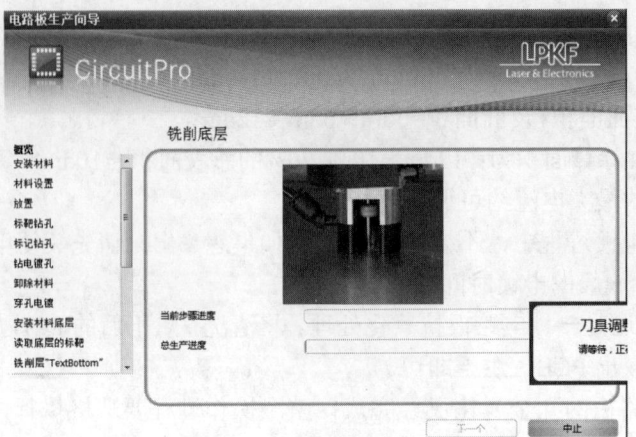

图 6.54 底层铣削

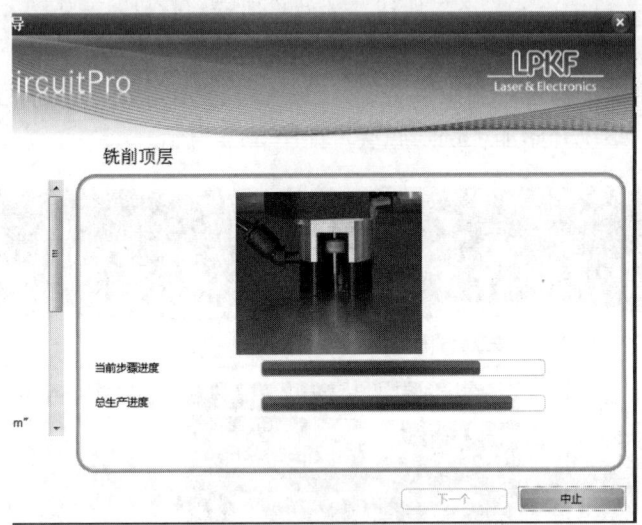

图 6.55 铣削顶层

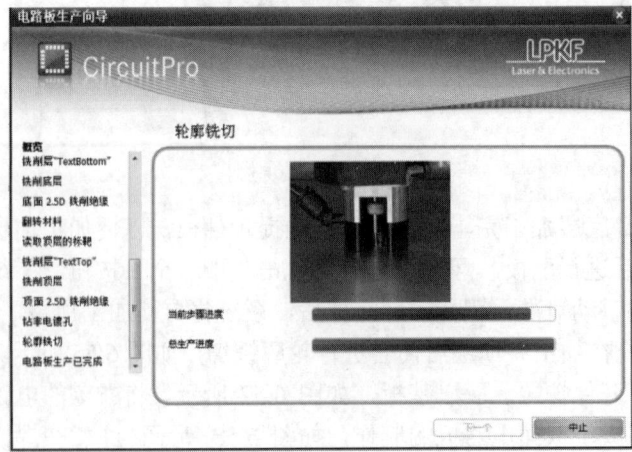

图 6.56 轮廓铣切

第 6 章 PCB 板的制作

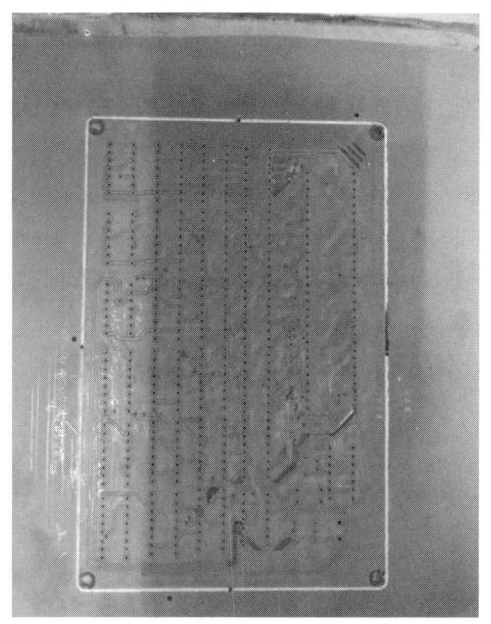

图 6.57 铣切完成的电路板

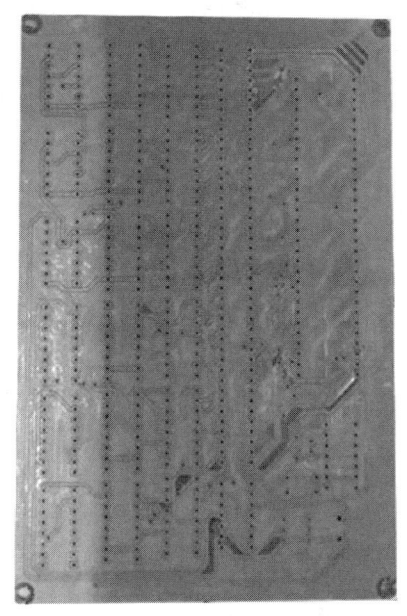

图 6.58 加工完成的电路板

第 7 章　电子线路的抗电磁干扰设计

7.1　概述

电子电路的噪声是除有用信号以外的所有电子信号的总称,噪声是不可避免的。有些噪声可能会影响电路的正常工作,这种噪声称为干扰。干扰进入电路后,轻则可使电路的性能指标下降、精确度降低;重则能使电路无法正常工作。

抗干扰设计就是要结合电路的特点把干扰的影响减小到最小。一方面要防止干扰入侵,即抗干扰;另一方面要防止它成为干扰源,即抑制干扰。

电磁干扰是电子线路受到的最主要的干扰。

7.1.1　电磁干扰入侵的途径

电磁干扰的入侵途径主要有以下几种。

1. 电容性耦合

电容性耦合也称静电耦合。由于两个电路之间存在寄生电容,一个电路的电荷变化会影响另一个电路。一般情况下,电容性耦合的等效电路可以用图 7.1 表示。

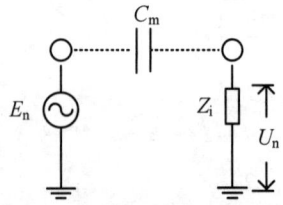

图 7.1　电容性耦合等效电路

图中,E_n 是噪声源电势,C_m 是寄生电容,Z_i 是被干扰电路的等效输入阻抗。可以算出干扰电压为:

$$U_N = \frac{j\omega C_m Z_i}{1 + j\omega C_m Z_i} E_n$$

一般情况下,$|j\omega C_m Z_i| \ll 1$,上式可简化为:

$$U_N = j\omega C_m Z_i E_n$$

即干扰电压正比于噪声源的角频率,这表明在频率很高的射频段,静电耦合干扰最严重。

通过降低接收电路的输入阻抗或通过合理布线和适当的防护措施减小分布电容,可减少静电耦合干扰。

2. 互感耦合

互感耦合也称为电磁耦合,它是由于两个电路之间存在互感,一个电路的电流变化通过磁路影响到另一个电路。图 7.2 是互感耦合的等效电路。

图中 I_n 是噪声源，M 是互感系数，则被干扰电路的干扰电压为：
$$U_N = j\omega M I_n$$
即干扰电压正比于噪声源的角频率。通过合理布线和适当的防护措施减小互感系数，可减少互感耦合干扰。

3. 共阻抗耦合

共阻抗耦合是指由于两个电路之间存在共有阻抗，当一个电路的电流变化时，通过共有的阻抗在另一个电路中产生干扰电压。

一般情况下，共阻抗耦合的等效电路可用图 7.3 表示。

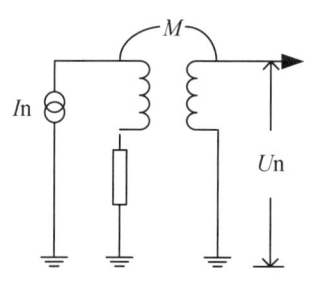

图 7.2　互感耦合等效电路

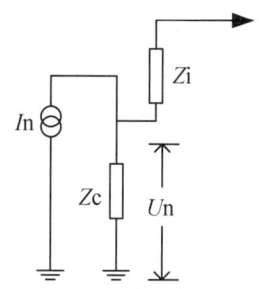

图 7.3　共阻抗耦合等效电路

可以算出被干扰电路的干扰电压为：
$$U_N = I_n Z_c$$

上式表明，消除共阻抗耦合干扰的核心是消除电路之间的共阻抗。出现共阻抗耦合的几种情况是：通过电源内阻的共阻抗耦合；通过接地线的共阻抗耦合；信号输出电路的相互干扰。

4. 漏电流耦合

漏电流耦合是由于绝缘不良，由流经绝缘电阻的漏电流所引起的噪声干扰。

一般情况下，漏电流耦合的等效电路可用图 7.4 表示。

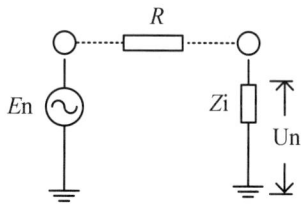

图 7.4　漏电流耦合等效电路

图中 R 是漏电阻。可算出被干扰电路的干扰电压为：
$$U_N = \frac{Z_i}{R + Z_i} E_n$$

漏电流耦合干扰常发生在以下几种情况：
- 测量较高的电压时。
- 电路附近有较高的直流电压源时。

- 使用高输入阻抗的直流放大器时。

5. 传导耦合

当导线经过具有噪声的环境时，即可拾取噪声并经导线传送到电路中，造成干扰。

6. 辐射电磁场耦合

辐射电磁场通常来源于大功率高频电器设备，如广播电视、移动通信的发射设备。

7.1.2 抑制电磁干扰的基本思路

抑制干扰一般从三个方面入手：

1. 抑制干扰源

如果能够找到干扰源并且在源头采取抑制措施，这是最积极有效的办法。有些噪声源来自设备的外部，如雷电、周围大功率高频设备发射的电磁波等，这些干扰是无法从源头治理的。有些干扰来自电路内部，如电流和电压发生剧变的地方往往是干扰源的策源地，设计者可以采取措施来消除和抑制。

2. 切断干扰传播的途径

电磁干扰的传播途径有两大类，一种是以"路"的形式，另一种是以"场"的形式。

对于以"路"的形式耦合的干扰，一般采用隔断或旁路的方式让干扰无法进入接收电路；对于以"场"的形式耦合的干扰，一般采用屏蔽和接地措施切断电磁波的耦合通道。

3. 提高接收电路的抗干扰性能

通过完善电路设计，提高电路在各种干扰情况下的承受能力。

7.1.3 抗电磁干扰的基本措施

1. 屏蔽

屏蔽就是对两个空间区域之间进行金属的隔离，以控制电场、磁场和电磁波由一个区域对另一个区域的感应和辐射。具体讲，就是用屏蔽体将元器件、电路、组合件、电缆或整个系统的干扰源包围起来，防止干扰电磁场向外扩散或用屏蔽体将接收电路、设备或系统包围起来，防止它们受到外界电磁场的影响。

屏蔽的目的是隔离"场"的干扰。

屏蔽体一般是用低阻或高导磁材料做成的容器。

2. 接地

将电子电路及设备的外壳或导线屏蔽层接地，可以给高频干扰电压形成低阻通路，以防止对电路的干扰。

3. 浮置

浮置又称浮空、浮接，指的是电子设备的输入信号放大器公共线（即模拟信号地）不接机壳或大地，这样放大器与机壳或大地之间无直流联系。浮置的目的是将干扰电流从信号电路引开，即不让干扰电流流经信号线，而使干扰电流流经屏蔽层到大地。

4. 对称电路

对称电路又称平衡电路，是指双线电路中的两根导线及这两根导线连接的所有电路对地或其他导线电路的结构对称，且对应阻抗相等。采用平衡电路的目的是使对称电路所拾取的噪声相等，并在负载上自行抵消。

5. 滤波器

滤波器是抑制干扰的最有效手段之一，特别是抑制经导线传导耦合到电路的噪声干扰。

6. 隔离技术

在采用两点以上接地的系统中，为抑制地电位差形成的干扰，采用隔离技术切断环路电流是十分有效的方法。常用的隔离方法有电磁隔离和光电隔离。

7. 脉冲电路的噪声抑制

脉冲电路常用积分电路、脉冲隔离门和削波器抑制噪声干扰。

7.2 抗电磁干扰设计

7.2.1 输入信号线的选择与连接

当传送信号的频率较高，或频率不高但传送距离很远时，必须考虑输入信号线的特性，选择合适的导线。

常用输入信号线有以下两种：

1. 双绞线

为防止干扰，通常将两根传输导线扭绞起来，构成"双绞线"。采用双绞线的目的是使其相邻的两个"扭结"的感应电动势大小相等、方向相反，使得总的感应电动势接近零。在使用双绞线时，应尽量采用一点接地，避免接地电位差的影响；当两组双绞线平行敷设时，应尽量使两组双绞线的扭结节距相等。

2. 屏蔽线

载流导线不只是连接信号源和电路的通道，它本身也是一个天线，可以辐射和接收干扰信号。为了减少导线的耦合干扰，一般采用屏蔽导线。屏蔽层对来自导线外部的干扰电磁波和内部产生的电磁波起到吸收能量（屏蔽层内产生涡流损耗）、反射能量（电磁波在屏蔽层的界面上反射）和抵消能量（电磁感应在屏蔽层上产生反向电磁场，可以抵消部分干扰电磁波）的作用，从而减弱干扰。

使用中，屏蔽层应该良好接地，否则可能产生寄生电容的耦合作用，这种干扰甚至比不带屏蔽层的一般导线更严重。

7.2.2 滤波器设计

为了抑制传导干扰的影响，正确使用滤波器是十分必要的。当干扰信号的频谱与有用信号的频谱不同时，可以通过滤波器将干扰信号滤除。

常用滤波器有低通滤波器、高通滤波器和带通滤波器。在抗电磁干扰设计中，滤波器通常是指低通滤波器，目的是抑制高频干扰成分。最常用的是一阶 RC 低通滤波器，如图 7.5 所示。

图 7.5 所示滤波器的截止频率为：

$$f_c = \frac{1}{2\pi RC}$$

设计时要根据信号的频谱确定滤波器的截止频率。

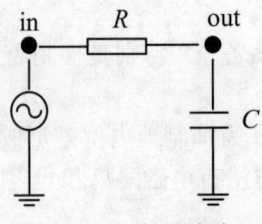

图 7.5 RC 低通滤波器

7.2.3 屏蔽层设计

屏蔽按其机理可分为电场屏蔽、磁场屏蔽和电磁场屏蔽。

1. 电场屏蔽

为了获得良好的电场屏蔽效果，注意以下几点是必要的：

- 屏蔽板以靠近受保护物为好，而且屏蔽板的接地必须良好。
- 屏蔽板的形状对屏蔽效能的高低有明显影响。例如，全封闭的金属盒可以有最好的电场屏蔽效果，而开孔或带缝隙的屏蔽盒，其屏蔽效能都会受到不同程度的影响。
- 屏蔽板的材料以良导体为好，但对厚度并无要求，只要有足够强度就可以了。

2. 磁场屏蔽

磁场屏蔽通常是对直流或甚低频磁场的屏蔽，其效果比对电场屏蔽和电磁场屏蔽要差得多，因此磁场屏蔽是个棘手的问题。

磁场屏蔽主要是依赖高导磁材料所具有的低磁阻，对磁通起着分路的作用，使得屏蔽体内部的磁场大大减弱。

提高磁场屏蔽效能的主要措施有：

- 选用高导磁率的材料，如坡莫合金。
- 增加屏蔽体的壁厚。
- 被屏蔽的物体不要安排在紧靠屏蔽体的位置上，以尽量减少通过被屏蔽物体体内的磁通。
- 注意磁屏蔽体的结构设计，凡接缝、通风孔等均可能增加磁屏蔽体的磁阻，从而降低屏蔽效果。为此，可以让缝隙或长条形通风孔循着磁场方向分布，这有利于使屏蔽体在磁场方向的磁阻减小。
- 对于强磁场的屏蔽可采用双层磁屏蔽体的结构。对要屏蔽外部强磁场的，则屏蔽体外层要选用不易磁饱和的材料，如硅钢等；而内部可选用容易达到饱和的高导磁材料，如坡莫合金等。反之，如果要屏蔽内部强磁场时，则材料排列次序要倒过来。在安装内外两层屏蔽体时，要注意彼此间的磁绝缘。当没有接地要求时，可用绝缘材料做支撑件。若需要接地时，可选用非铁磁材料（如铜、铝）做支撑件。但从屏蔽体能兼有防止电场感应的目的出发，一般还是要接地的。

3. 电磁屏蔽

电磁屏蔽体对电磁的衰减主要是基于电磁波的反射和电磁波的吸收两种方式。

与前面已讲述的电场屏蔽及磁场屏蔽的机理不同，电磁屏蔽对于电磁波的衰减有三种不同的机理：

- 当电磁波到达屏蔽体表面时,由于空气与金属的交界面上阻抗的不连续,对入射波产生反射。这种反射不要求屏蔽材料必须有一定厚度,只要求交界面上的不连续。
- 未被表面反射掉而进入屏蔽体的能量,在体内向前传播的过程中,被屏蔽材料所衰减,这种物理过程被称为吸收。
- 在屏蔽体内尚未衰减掉的剩余能量,传到材料的另一表面时,当遇到金属与空气不连续的交界面时,会形成再次反射,并重新返回屏蔽体内。这种反射在两个金属的交界面上可能有多次反射。

7.2.4 接地的设计

设计良好的地线既能提高抗干扰的能力,又能减小电磁发射。
电子电路的接地有以下一些处理原则:

1. 低频电路的一点接地原则

所谓一点接地就是把多个接地点用导线汇聚到一点,再从这一点接地,如图 7.6 所示。

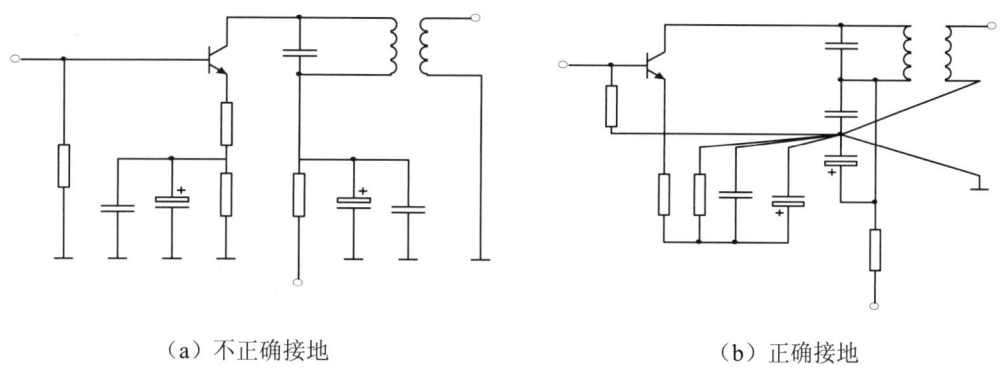

(a) 不正确接地　　　　　　　　　(b) 正确接地

图 7.6　一点接地示意图

2. 高频电路的多点接地原则

对于高频电路,当地线长度等于 1/4 波长的奇数倍时,地线阻抗就变得很高,地线就变成了天线,从而向外辐射噪声。为防止辐射发生,地线长度应小于波长的 1/20。如果地线长度大于波长的 1/20,就需多点接地。

3. 强电地线与信号地线分开设置

由于强电的电流很大,地线电阻会产生较大的电压降,如果这种地线与信号地线共用,会产生很强的干扰。

4. 模拟信号地线与数字信号地线分开设置

数字信号一般比较强,而且是交变的脉冲,流过它的地线电流也是脉冲。而模拟信号比较弱,因此这两种地线要分开设置,以减小数字信号通过地线电阻对模拟信号的干扰。

7.2.5 信号隔离的设计

信号隔离为的是切断环路干扰电流,主要有电磁隔离和光电隔离两种。

1. 电磁隔离

电磁隔离是在两个电路之间加一个隔离变压器,如图 7.7 所示。

电路 1 和电路 2 的地之间存在电位差 V_{CM},但由于变压器将两个电路间的电联系切断,从而抑制了 V_{CM} 的影响。由于变压器体积较大,这种方法多用于电源的隔离。

2. 光电隔离

光电隔离是在两个电路之间加一个光电耦合器,如图 7.8 所示。

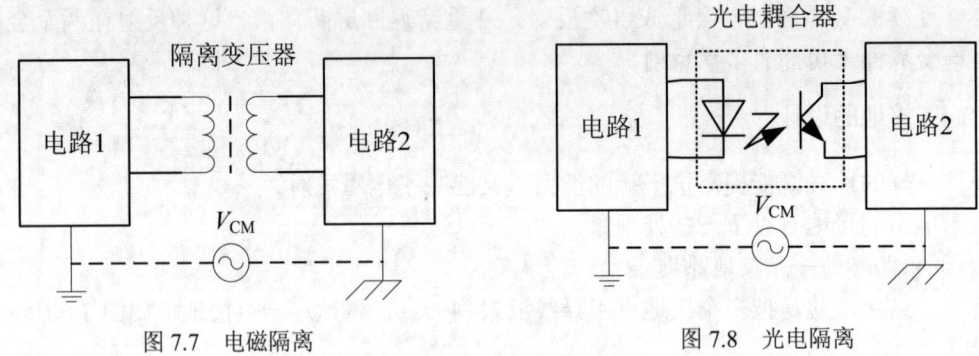

图 7.7　电磁隔离　　　　　　　　　图 7.8　光电隔离

电路 1 和电路 2 之间是通过光传递信号,没有电的联系,从而抑制了 V_{CM} 的影响。光电耦合器体积小,速度快,应用十分广泛。

第 8 章 电子线路故障检修的基本方法

电子电路维修是电类专业学生必须掌握的重要技能,也是学生动手能力的重要体现。

电子产品种类繁多,电路故障千差万别,因此掌握简单高效的维修方法一直是专业人员孜孜以求的目标。

但是电子产品维修恰恰是大学生最薄弱的环节,主要原因是维修技能不是通过简单的书本学习能够完全掌握的,只有长期实践,通过不断的经验积累才可以达到高深的境界。当然,实践离不开理论的指导,如果能够掌握扎实的理论知识,再运用一些维修技巧,通过适当的训练,是可以成为一名合格的电子产品维修者的。本节讲述的是一些常用的维修方法,对常见故障的维修具有一定的指导意义。

8.1 直观检查法

直观检查法是最简单、最常用的维修方法之一。所谓直观检查法就是利用人的眼睛和其他感官去发现和排除故障的方法。

对于整机,打开机壳之前先观察表面有无裂痕、电缆有无损伤、按键是否损坏等;打开机壳后,观察线路板上的元器件有无炸裂(主要针对电解电容器、大功率晶体管、厚膜器件等),电阻有无烧焦,保险丝是否烧断,导线有无脱落,电解电容器的电解液是否漏液等;观察线路板有没有被修理过的痕迹,这一点很重要。因为如果该产品曾经被修理过,则要怀疑有的元器件已被更换,而被换元器件可能是错误的,此时首先要对元器件的型号进行确认。

通电后,看元器件有无打火、冒烟的现象;用耳朵听有无异常声音;用鼻子嗅有无异常气味;用手摸(注意安全,必要时关断电源)看看元器件是否烫手等。如果发现异常现象,应立即关机。

直观检查法简单易行,不需使用任何仪器仪表,是维修时首先采用的方法。但直观检查法的综合性比较强,有时与维修人员的经验、理论知识和专业技能有紧密联系。另外,直观检查法对于从感官上无法感知的故障无能为力,所以直观检查法一般要配合其他方法一起使用才能取得理想的效果。

8.2 电阻测量法

电阻测量法是利用万用表的电阻挡测量元器件引脚之间、电路的关键点与"地"之间的电阻,并通过被测电阻值与正常值比较,进而判断故障部位的方法。

电阻测量法对开路性和短路性故障的检修非常有效,也是故障检查的最基本方法之一。

电阻测量法分在线测量和离线测量两种情况。

所谓在线电阻测量是指元器件仍然焊接在线路板上的情况下测量相关引脚的电阻,主要是这些引脚的对地电阻。在线测量主要应用在元器件拆焊比较麻烦,如多引脚的集成电路,或者对元器件进行初步判断的时候,如果需要确认,还必须拆焊后测量。

在线测量时应注意以下几点:

(1) 必须了解被测点的参考电阻值。对于集成电路引脚的电阻,可以查阅资料,或比较一台正常的相同线路板的对应点的电阻值。通常一块集成电路引脚的在线电阻值有"正测"和"反测"两种。所谓正测是指万用表的黑表笔(指针式)或正表笔(数字式)接引脚,红表笔(指针式)或负表笔(数字式)接"地",测出电阻值;反测是万用表的红表笔(指针式)或负表笔(数字式)接引脚,黑表笔(指针式)或正表笔(数字式)接"地",测出电阻值。

(2) 测量值与参考值的比较。由于测量条件、测量仪器、被测电路等的差异,测量值与参考值之间肯定有差异。对于集成电路来说,一般认为两者之间的偏差不超过±20%即可视作正常。

(3) 测量数据的判断。由于其他并联元器件的影响,在线测量时肯定会出现偏差,此时要学会正确判断测量数据。可以对照原理图分析其他并联元器件对被测元器件的影响,但要清楚,在线测量值一定比离线测量值小。如果出现了测量值大于标称值或离线值的情况,排除万用表自身因素,则被测元器件一定有问题。

电阻测量法非常适合下列情况使用:

(1) 元器件质量的检验。如电阻值的检测;三极管是否存在极间开路或短路;线圈的通断;电容器是否漏电等。

(2) 负载的检测。如是否存在负载短路、开路等情形。

需要注意的是,电阻测量法一般先进行在线测量。当怀疑有元器件损坏时,应拆下可疑元器件,或脱开某引脚,进行离线检测予以确认。检测时一定要在断电情况下进行,否则不仅结果不正确,而且极易损坏电路和万用表。

8.3 电压测量法

电压测量法是通过测量电子线路或元器件的工作电压并与正常值进行比较,从而判断是否存在故障的方法。由于该方法能全面了解电路的工作状态,因此是电子产品最有效、最基本的检修方法。

电压测量法又分成交流电压测量法和直流电压测量法。

1. 交流电压测量

对大多数电子设备而言,交流电路相对比较简单,测量点相对较少。但要注意电压表的量程设置。图 8.1 是某稳压电源交流部分的测试示意图。

测交流电压,特别是包含 220V 或 380V 电压的电路时,要养成单手操作的习惯,注意人身安全。

2. 直流电压测量

电子产品一般以直流电路居多,通过直流电压的测量可以了解电路的工作状态,从而判断电路是否正常。

在采用电压测量法排除故障时,首先应了解电路的关键测试点。常见的测试点有:电源、晶体管的各电极、集成电路的引脚等。

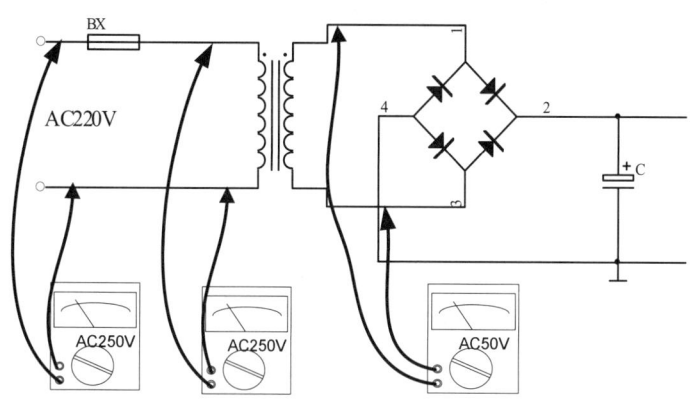

图 8.1 交流电压测量示意图

要清楚各关键点的正常值,这就要求维修者对电路的工作原理十分了解。例如一个三极管工作在放大状态和工作在开关状态,其极间电压是完全不同的,如果不了解三极管在电路中的作用,那么测量的值就没有意义。

8.4 电流测量法

电流测量法是通过测量整机或局部电路或元器件的工作电流,进而判断电路工作是否正常的方法。

电流测量法对于短路性和开路性故障的维修非常有效。

电流测量法可分为直接测量法和间接测量法。

直接测量法是将电流表直接串联在被测电路中读出电流的方法。通常可以用刀片将被测支路的铜箔划断,从而将电流表串联起来,测完后用焊锡再连起来。也可以将支路中串接的某个元件引脚挑开,再串入电流表,如图 8.2 所示。

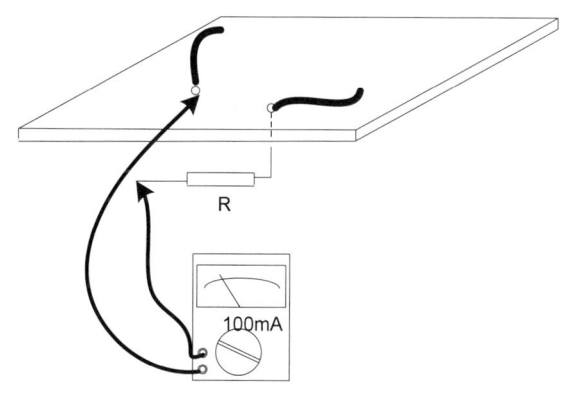

图 8.2 直接测量电流

直接测量法测得的结果比较准确,但有时电流表的接入比较麻烦,如果被测支路接了电阻等元件,则可以采用间接测量法。所谓间接测量是测出被测支路串接电阻两端的电压值,进而算出电流值,如图 8.3 所示。

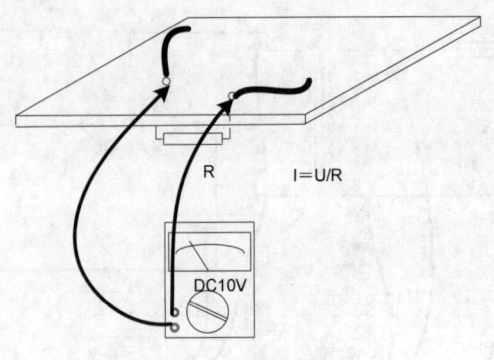

图 8.3　间接测量电流

8.5　波形测量法

波形测量法是利用示波器测量电路关键点波形,通过波形形状判断电子产品工作是否正常的方法。波形测量法直观、准确,对于某些无法通过测量电流、电压判断故障部位的场合十分有效。

在使用波形测量法时必须了解测试点的准确波形,同时要注意示波器的正确使用。

8.6　元器件代换法

当怀疑某元器件有故障,而又不能通过简单办法确认时,可以采用代换法,即用一个同型号的新元器件替换原有元器件,判断故障是否排除。另外,有的产品采用模块化结构,可以通过模块替换的方法明确具体故障模块,从而减小维修的范围。

代换法是在其他方法无法判断故障元器件时使用的,如果换上新元器件后故障仍未排除,要将原有元器件重新换回来。注意不要频繁采用,毕竟每一次元器件的拆、焊对线路板都有一定的损坏。

如果无法找到同型号的新元器件,可以用其他型号产品代用,这时一定要注意代用元器件的参数必须符合电路的要求,这也是初学者往往容易忽视的地方。

对于常用的元器件,应重点关注下列参数:额定功率、最大电流、最大耐压、损耗、频率参数等。

8.7　信号注入法

信号注入法是将信号逐级注入电路,从而明确具体的故障起始部位的方法。

采用信号注入法首先要选择合适的信号源。信号源可以通过信号发生器产生,也可以因陋就简,如利用人体的感应信号等。

信号注入法可以采用顺向注入法,即信号从输入端逐级注入,用示波器、万用表检测输出端的波形或电压,从而判断故障部位;也可以采用逆向注入法,即信号从后级向前级依次注入,并用示波器或万用表检测波形或电压,直到出现异常为止。

信号注入法对有明确信号流向的电子产品（如收音机、录音机等）的故障维修比较有效。图 8.4 是采用信号注入法对分立元件收音机故障进行修理时的流程。

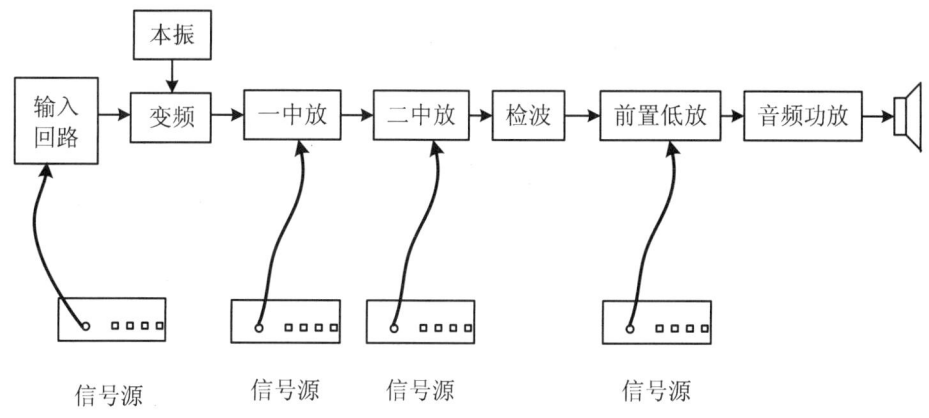

图 8.4　信号注入法示意图

例如，修理一台收不到电台的收音机时，依次从输入回路注入约 1000kHz 左右的高频调幅波，从一中放和二中放输入 465kHz 的中频调幅波，从前置低放输入 1kHz 左右的音频信号。当在某级注入信号后，扬声器发出正常的声音，则故障在该级之前。

8.8　分割法

分割法是将某一部分或某一单元电路从整体电路中分割出来，通过检测来判断被分割电路是否正常的方法。

分割法依照分割部分的不同可分为对分法、特征点分割法、经验分割法和逐点分割法。

对分法是将电路一分为二，判断故障在哪一部分；再一分为二，进一步细分故障部位。

特征点分割法是通过电路单元的特征信息判断故障与否的方法。例如修理静态电流过大的收音机时，可以通过逐个断开各级电路的方法判断故障部位。图 8.5 是某型收音机各部分静态电流的正常值，整机静态电流的正常值不大于 25mA。如果出现电流过大的故障，可以分别断开各级再测整机静态电流，当电流降到正常值时，则故障部位一定是被分割电路。

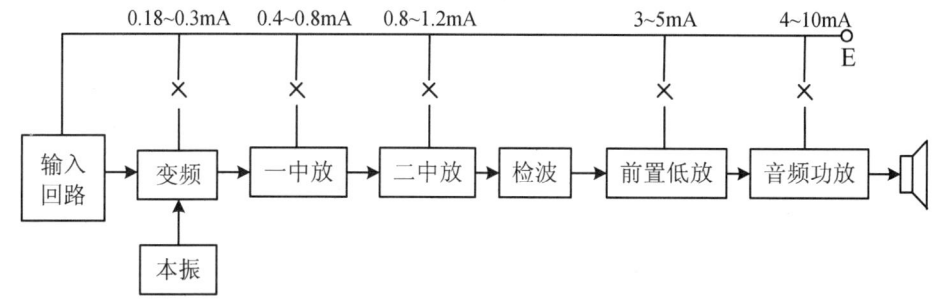

图 8.5　特征点分割法示意图

经验法是通过维修者的经验估计故障部位，将该级的输入端或输出端作为分割点。

逐点分割法是根据信号的流程，从前向后或从后向前逐级分割电路，并判断故障部位的方法。其实上述信号注入法也是分割法的应用。

分割法严格说来不是一种独立的修理方法，必须与其他方法配合使用。另外使用分割法时要注意有的电路是不能随便分割的，否则可能损坏其他电路。

8.9 短路法

短路法是利用一个元器件或一根导线短路某元件或部分电路，从而判断故障元器件或故障电路的方法。

例如，修理一台无信号的电视机时，如果怀疑声表面波滤波器（SAWF）损坏，可以用一个 $0.01\mu F$ 电容器将 SAWF 短路。如果能够收到信号，则基本可以断定 SAWF 损坏。

第 9 章　科技论文写作

前述章节中，我们着重介绍了电子设计与制作的基本知识、基本单元电路及较复杂电子系统的制作。如果能系统地将所有内容都动手制作一遍，相信同学们的实践能力会有很大的突破。但有时我们需要将自己的设计思想、制作过程和体会记录下来，一来对自己的设计和制作作总结，二来便于对设计和制作过程中的经验、技巧等作积累，对提高解决问题的能力、共享设计经验等是十分有益的。但现在的大学生，只是在中学语文课上进行过一些作文训练，进大学后，虽然也写过一些与科技写作相近的文章，如实验报告、实习报告、课程设计报告等，但平心而论，不少同学的文字功底是很差的。另外，科技论文的写作不同于文学作品，有其自身的特点，因此有必要对科技论文写作的要求、方法和格式等作一个简单介绍，希望同学们能结合前面的设计与制作开展一定的练习。

9.1　概述

9.1.1　科技论文写作的性质与功能

科技论文写作是把科学技术作为自己研究表达的对象，是自然科学信息的存储和传播，是为把科学技术转化为生产力而进行的创作。科技写作的结果是形成科技文献或报告。

科技论文写作是写作学科的一个重要组成部分，是写作学科体系中派生出来的一种以科学技术为写作对象的新学科，是一门新兴的文理工相互渗透的边缘学科和交叉学科，除涉及自然科学的有关领域外，还涉及写作学、科学学、情报学、心理学、逻辑学、自然辩证法和方法论等。科技写作是一种既有专业性又有综合性的实践活动，知识面要求广泛。

科技写作是科学研究的一种手段，是整个科技活动中必不可少的重要组成部分。当你申请一项科研项目，要写项目论证报告或开题报告；当你完成一项科技活动，要写总结报告或结题报告；当你报道或推广科技成果，要写技术报告或专利申请或发表论文，这些都离不开科技写作。科技写作不仅仅是把科学研究成果用文字等书面符号表达出来，还要通过收集、整理和利用各种科技信息，在具体的写作过程中，对自己所研究的课题作出更加深入的探讨，发现和弥补原先的不足之处，或产生新的认识，有时还会在写作过程中萌发或找到有重大价值的新的研究课题。

科技写作是科技成果的重要标志，它反映了一个国家或地区科技发展的动态历史，是衡量一个学科、个人、集体、国家科技水平和成就的重要标志之一。如当今大学排名时，被 SCI、EI 等检索的文章数量成为衡量大学实力的一项重要指标。

9.1.2　科技论文写作的基本特征

科技论文写作有别于文艺写作、政论写作、应用文写作等，它融科学技术丰富的内容和成熟的写作理论于一体，除具备一般写作的基本规律外，还具有其自身的特点。

1. 目的性

科技写作的作者总是试图把自己的观点、见解表达出来，或表达某一领域的新技术，或对某一问题及假说发表自己的看法，或对某一技术问题提出改进等。因此，科技写作的目的是：总结科技成果、协调科技活动、解决科技领域的问题、促进科技事业的发展。

2. 学说性

学说性即理论性或科学性。科技论文要求运用科学原理和方法，对自然科学领域的问题进行科学分析、严密论证、抽象概括。绝对不能凭主观臆断和个人喜好随意地取舍素材或得出结论。严谨与实事求是是科技论文的生命。

3. 创造性

科技论文的价值就体现在它的创造性。如果没有新见解、新观点、新发现、新改进，就没有写作的必要了。因此在写作之前，应进行必要的查询和检索，确保论文的创造性。

4. 逻辑性

科技论文结构的特点决定了文章应该脉络清晰、结构严谨、演算正确、符号规范、推断合理，都应该有自己的前提或假说、论证过程和结论，不应该出现无中生有的结论或数据。

5. 有效性

有效性是指文章的发表方式。正规的期刊，在论文发表前均通过专家审阅，得到认可后方可发表。一些学位论文则要通过答辩才具有有效性。

9.1.3 科技论文写作的意义

目前的在校大学生，其实也经常与科技写作打交道。如做完实验都要交一份实验报告，参加实习要交实习报告，课程设计和毕业设计要交设计报告。但从上交的这些报告看，很多同学对这些报告的写作态度不认真，相互抄袭的现象十分严重，或者草草应付了事，文章逻辑混乱，叙述不清。还有些同学自恃动手能力还不错，对科技写作不重视。殊不知科技写作也是工程技术人员的基本功之一，因为在走向工作岗位后，可能会经常碰到科技写作。如申请科研项目立项要写立项报告、论证报告；完成项目要提交技术报告、结题报告；评职称也要发表论文等。有时一篇论文或报告质量的高低直接影响项目的审批或科研成果的鉴定。在全国大学生电子设计竞赛中，满分150分，其中技术报告占50分，其重要性不言而喻。从2008年开始的全国职业院校职业技能大赛，电子产品设计与制作也是一个常设项目，除设计与制作外，还要求编写技术文件，并且高等级奖项（一、二等奖）还有陈述与答辩环节，选手要制作PPT并在规定的时间内把自己的设计思想、产品的工作原理等讲清楚，这就要求选手必须有较好的文字功底。在大力提倡素质教育的今天，同学们不仅要能设计、制作有水平的电子作品，还要能写出有水平的技术论文，如有可能还可在各种期刊上发表自己的文章。

9.2 科技论文写作的基本要求

9.2.1 科技论文的类型

通常科技论文有多种分类方法。

按学科性质和功能不同，可分为基础学科论文、技术学科论文和应用学科论文；按论文内容所属学科、专业的不同，可分为数学论文、物理论文、建筑学论文等；按研究和写作方法的不同，可分为理论推导型论文、实验研究型论文、设计计算型论文和发明型论文；按写作目的和发挥作用的不同，可分为技术论文、学位论文等。

9.2.2 科技论文的写作要求

作为一篇合格的科技论文，应达到以下几点要求。

1. **论点正确新颖**

论点是科技论文的核心，因此论点不允许含糊不清。只有论点正确，才能保证论文的正确性。论点的新颖性则需要作者经过观察、发现及选题来保证。对在校大学生来说，在电子制作时，首先要保证电路的工作原理正确，在此基础上可考虑电路设计的技巧或应用的独特性等以满足新颖性的要求。

2. **论据充分可靠**

科技论文必须要引用能证明论点的材料，否则论点即使再新颖也不能使人信服。论据是通过精选的材料，主要来源于事实和理论两方面。可以是自己通过实验总结的结论，也可以是前人已经论证的观点，在电子制作中，论据应充分建立在实验的基础上。

3. **论证符合逻辑**

论证是运用论据来说明论点的过程。在论证推理的过程中，一定要遵循逻辑规律和材料顺序的安排。如果是平行关系的材料，论证的先后可随意安排；如果材料之间有接续关系，则应按时间先后顺序阐述；如果材料间是递进关系，则顺序千万不能颠倒，否则逻辑混乱，论点也就无法论证。

4. **要借鉴已有的成果**

在选题和论文的撰写过程中，要查阅许多资料，了解前人已有的成果，再与自己研究的内容进行分析比较，否则辛辛苦苦写出的论文可能因早已有类似的论文发表而失去其新颖性。对他人成果的利用也可节省研究时间。在电子制作时，对初学者来说这一点更重要，甚至是必不可少的一步。

5. **注意对篇幅的控制**

初学者往往担心文章过短、叙述不全面等，总喜欢面面俱到。实际上，论文的质量不在于文字的多少而在于精练，把论点说清楚。对于论文的篇幅，不同类型的文章，要求也有区别。如果是毕业论文，要对毕业设计的目的、要求、设计过程及设计中涉及的理论知识作比较详细的阐述，篇幅一般较大。如果是一篇技术报告或课程设计报告或专业论文，文字则应尽量简练，不要把不必要的实验过程、测试结果都罗列进去，要学会选择结论性的、有决定意义的内容并加以分析。

6. **表达准确、客观**

科技论文描述的对象是客观事实，因此在表达时不可采用文学作品中常用的修辞手法，措辞应尽量选择中性的词语，同时要避免使用易引起歧义的词或概念。

9.2.3 科技论文的编写格式及规范

科技论文有比较固定、规范的格式。尽管论文的类型可能不同，但规范格式是基本相同的。通常有题名、作者、摘要、关键词、前言、正文、结论、致谢、参考文献、附录等，有时还要有题名、作者、摘要和关键词的英文翻译。

1. 题名

题名是科技论文的必要组成部分，要求用最简洁、恰当的词反映论文研究的主要内容。如果题名选择得当，可以立即抓住读者的兴趣。

题名既要反映文章的主旨，又要避免用冗长的语句逐点描述论文的内容。目前国内期刊对题名的用字都有限制，如一般要求不超过 20 个汉字。如题名确需较多的词语，可借助于副标题以补充论文的层次内容。

2. 作者

作者是论文在构思、研究及执笔等方面作出主要贡献的人员，是论文的法定主权人和责任者。

署名人数不宜太多。非独立作者的排序应以对论文的贡献大小排列，一般均用真实姓名，同时提供作者的通信地址和电子邮箱。

3. 摘要

摘要也是科技论文的必要部分。摘要是以提供文献内容梗概为目的，不加评论和补充解释，简明确切地叙述文章重要内容的短文。

摘要有两种基本写法：报道性摘要——指明文章的主题范围及内容梗概的简短介绍；指示性文摘——指明文章的陈述主题及取得的成果性质和水平的简明文摘。另外还有介乎两者之间的报道/指示性文摘。

一般中文摘要以不超过 400 字为宜，英文摘要不要超过 250 个实词。

4. 关键词

为方便计算机自动检索，学术论文的摘要后要给出 3~8 个关键词。关键词是反映文章的特征内容、通用性比较强的词语。要注意，一定不要为了强调文章主题的全面性而把关键词写成短语。

5. 引言

引言不是论文的必要组成部分。

引言要回答"为什么研究"这个问题。简明介绍论文的背景，相关领域的前人研究历史与现状及作者的意图和分析依据，包括论文的追求目标、研究范围和理论、技术方案的选取等。引言应言简意赅。如在正文中采用比较专业化的术语或缩写词，最好先在引言中定义说明。

6. 正文

正文是科技论文的核心组成部分，主要回答"怎么研究"这个问题。正文应充分阐明论文的观点、原理、方法及达到的预期目标，要突出一个"新"字，以反映论文的原创性。论文可以分层深入，按层设分层标题。

正文通常占论文篇幅的大部分，一般应包括材料、方法、结果、讨论和结论等部分。

实验与观察、数据分析与处理、实验结果的得出是正文的最重要内容。要尊重事实，切忌随意掺入主观成分，更不可妄加猜测。

科技论文不要求有华丽的辞藻，但必须思路清晰，逻辑严密，语言简洁，文法通顺。论文的内容务求客观、科学、完备、严密，要尽量用事实或数据说话。凡是用文字能够说清楚的内容，应该用文字陈述。如果用文字不易说明白或很烦琐，可用图表来陈述。引用的数据或资料应严谨确切并注明出处。

物理量与单位符号应规范，如使用非规范的单位或符号应考虑行业的习惯。

避免教科书式的写作方法。对已有的知识或成果不要重新描述，尽量采用标注参考文献的办法；对用到的数学公式，不要过分细致地进行推导，必要时可采用附录的形式供读者选阅。

7．结论

结论是文章的总结，它不是论文的必要组成部分。

结论应由完整、准确、简洁的文字对文章所涉及的课题进行总结，一般包含：

（1）由对研究对象进行的考察或实验得出的结果的总结。

（2）研究中尚难以解释或解决的问题。

（3）与先前已发表过的研究工作的异同。

（4）本论文在理论和实践上的意义。

（5）本课题进一步研究的建议。

8．致谢

致谢一般放在文章的最后，是对曾给予论文的选题、构思、研究等方面进行指导或技术、信息、经费等支持的个人、单位或团体的致谢。

致谢也不是论文的必要组成部分。

9．参考文献

参考文献是科技论文的重要组成部分。它是反映文稿的科学依据，也是作者尊重他人研究成果的体现。参考文献可以向读者提供论文所涉及的有关知识或已有成果的出处。有时为了节约篇幅和叙述方便，可以将没有展开的内容以参考文献的形式给读者查阅提供线索。

10．附录

附录是论文的附件，不是论文的必要组成部分。它在不增加文章正文部分的篇幅和不影响正文主体内容叙述连贯性的前提下，向读者提供论文涉及的详尽数学推导、证明、程序清单以及有关数据、曲线、照片等。

9.2.4 章、条的编号

按国家的规定，科技论文的章、条的划分、编号和排列均采用阿拉伯数字分级编写，即一级标题的编号为 1，2，…；二级标题的编号为 1.1，1.2，…，2.1，2.2，…；三级标题的编号为 1.1.1，1.1.2，…，如此等等。

国标规定的章、条编写方式给作者、读者和编者都提供了十分清晰的脉络，非常有利于文章的阅读。

参考文献

[1] 王松武,等. 电子创新设计与实践[M]. 北京：国防工业出版社，2005.
[2] 赵家贵. 电子电路设计[M]. 北京：中国计量出版社，2005.
[3] 邓延安. 模拟电子技术实验与实训教程[M]. 上海：上海交通大学出版社，2002.
[4] 华永平. 放大电路测试与设计[M]. 北京：机械工业出版社，2010.

附 录

本教程使用集成电路的引脚如下。

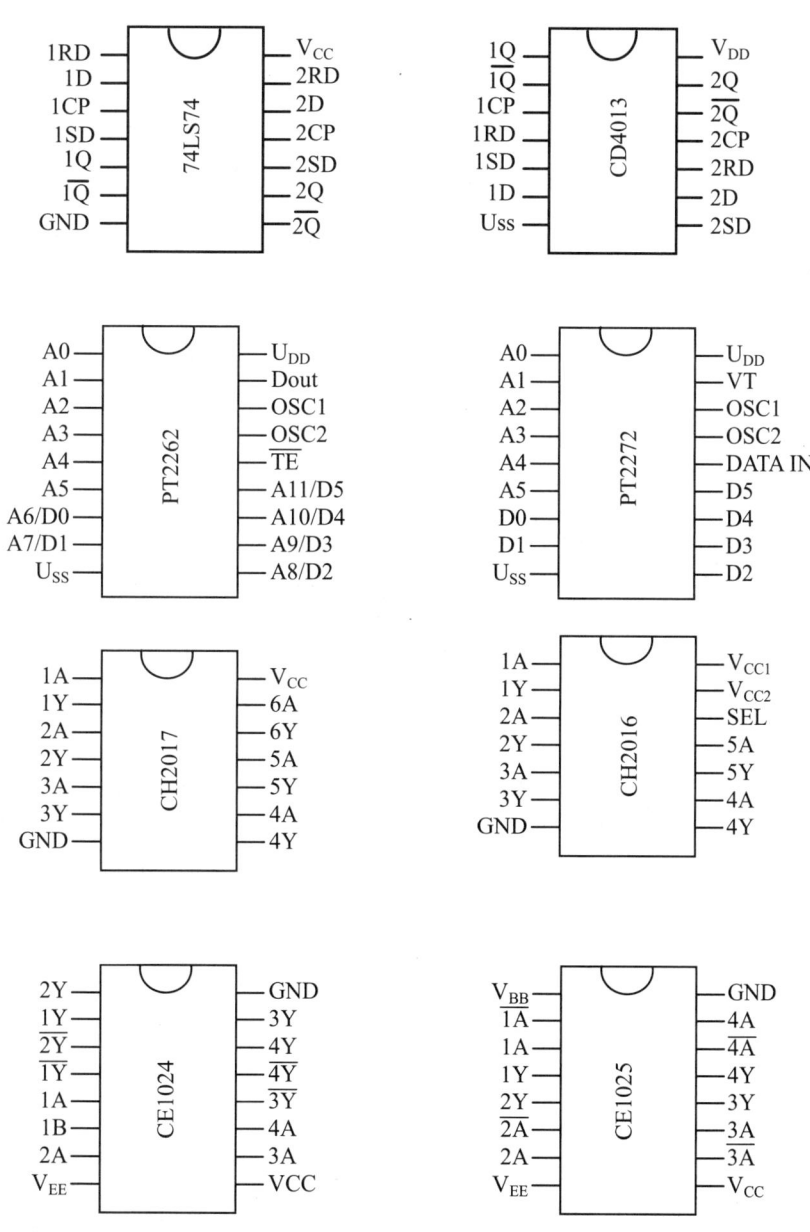

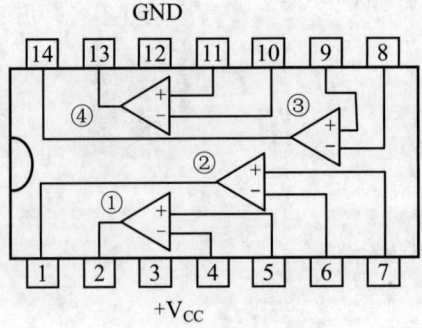

LM339

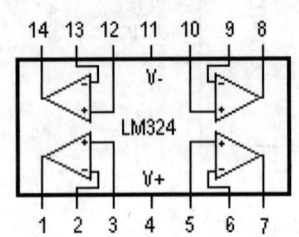

LM324

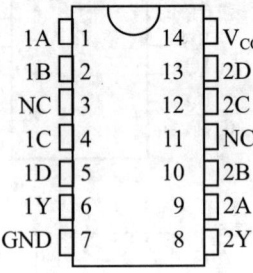

NC：空脚

74LS20

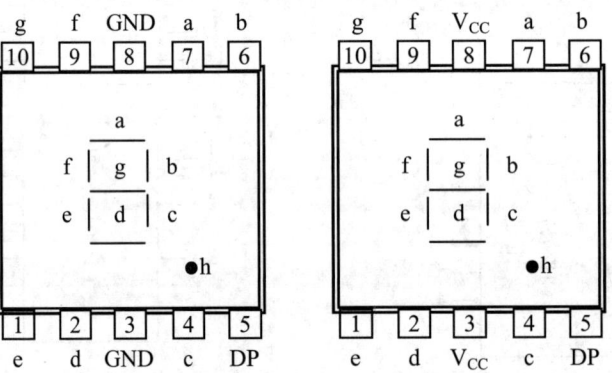

七段共阴和共阳 LED 数码管的管脚排列